物联网技术及应用

主审—— 李敏波 金彦亮

副主编—— 朱敏 孔令和
高夏

主编—— 徐方勤

INTERNET
OF
THINGS

华东师范大学出版社
·上海·

图书在版编目(CIP)数据

物联网技术及应用/徐方勤主编. —上海:华东师范大学出版社,2021
ISBN 978-7-5760-1878-3

Ⅰ.①物… Ⅱ.①徐… Ⅲ.①物联网 Ⅳ.①TP393.4②TP18

中国版本图书馆 CIP 数据核字(2021)第 156374 号

物联网技术及应用

主　　编　徐方勤
责任编辑　蒋梦婷
特约审读　曾振柄
责任校对　陈丽贞
装帧设计　俞　越

出版发行　华东师范大学出版社
社　　址　上海市中山北路 3663 号 邮编 200062
网　　址　www.ecnupress.com.cn
电　　话　021-60821666　行政传真 021-62572105
客服电话　021-62865537　门市(邮购)电话 021-62869887
地　　址　上海市中山北路 3663 号华东师范大学校内先锋路口
网　　店　http://hdsdcbs.tmall.com/

印 刷 者　上海崇明县裕安印刷厂
开　　本　787×1092　16 开
印　　张　18.75
字　　数　485 千字
版　　次　2021 年 9 月第 1 版
印　　次　2021 年 12 月第 2 次
书　　号　ISBN 978-7-5760-1878-3
定　　价　49.00 元

出 版 人　王　焰

(如发现本版图书有印订质量问题,请寄回本社客服中心调换或电话 021-62865537 联系)

前言

随着新一代信息技术的普及，人们对人工智能、大数据、云计算、物联网、区块链等名词已经耳熟能详，这些技术带来的无人驾驶、智能家居、语音交互、移动支付和人脸识别等也已融入了日常生活。本教材对物联网的发展、关键技术和主要应用进行介绍，希望通过学习，学生能够掌握物联网的应用开发技术，并能根据实际需求，完成基于物联网的移动应用开发，提升学生的综合应用能力。

本教材共 6 章。第 1 章介绍物联网的基本概念，从物联网的产生、发展、关键技术、主要应用和安全进行阐述；第 2 章介绍目前市场上主流的物联网学习仿真软件，通过搭建仿真物联网环境来掌握物联网应用的架构方法；第 3 章介绍物联网网关与应用开发的环境安装与设置方法；第 4 章介绍物联网网关的概念以及通过仿真软件进行物联网网关的开发方法；第 5 章介绍基于移动端的物联网应用开发方法；第 6 章介绍基于综合案例的物联网应用设计与实施方法。

本教材由徐方勤主编，朱敏、孔令和、高夏担任副主编。第 1 章由徐方勤、孔令和、孙修东、尹金编写，第 2 章由王磊、夏耘、黄春梅编写，第 3 章由赵欣、王磊、罗宁、刘群编写，第 4 章由朱敏、陈莲君编写，第 5 章和第 6 章由高夏、袁明编写。本教材由李敏波、金彦亮主审。本教材适合作为普通高等学校各专业学生的教学用书，也可以作为高职高专物联网应用专业或物联网应用设计爱好者的参考用书。

本教材在编写过程中还得到上海市教育考试院周云、王彬宇老师的指导。本教材的所有实例均由东华大学刘书城，上海第二工业大学谭楚凡，上海建桥学院徐俊、熊泓洲等同学完成测试，在此一并表示诚挚的谢意。由于时间仓促和水平有限，书中难免存在不妥之处，竭诚欢迎广大读者批评指正。

编 者
2021 年 8 月

目录
MU LU

PART 01　第 1 章　物联网概述 / 1

本章概要 / 1

学习目标 / 1

1.1　物联网定义 / 2

1.2　物联网的体系结构 / 5

1.3　物联网标准 / 7

1.4　物联网应用 / 12

1.5　物联网关键技术 / 21

1.6　物联网发展新趋势 / 31

1.7　本章习题 / 33

本章小结 / 35

PART 02　第 2 章　物联网模拟仿真软件 / 37

本章概要 / 37

学习目标 / 37

2.1　Cisco Packet Tracer 模拟仿真软件介绍 / 38

2.2　华清远见模拟仿真软件介绍 / 69

2.3　物联网智能农业系统模拟仿真 / 91

2.4　本章习题 / 107

本章小结 / 108

PART 03

第3章
物联网开发环境搭建 / 109

本章概要 / 109

学习目标 / 109

3.1　网关开发环境搭建 / 110

3.2　移动应用开发环境搭建 / 117

3.3　MySQL 开发环境搭建 / 137

3.4　本章习题 / 144

本章小结 / 145

PART 04

第4章
物联网网关开发 / 147

本章概要 / 147

学习目标 / 147

4.1　物联网网关概述 / 148

4.2　智能灯光控制系统的网关开发 / 150

4.3　智能酒店控制系统的网关开发 / 162

4.4　创建日志记录文件 / 172

4.5　用户操作记录数据库 / 180

4.6　本章习题 / 195

本章小结 / 197

PART 05

第5章
物联网应用开发 / 199

本章概要 / 199

学习目标 / 199

5.1　游乐园人流量查询应用开发 / 200

5.2 智能酒店管理应用开发 / 213

5.3 生态农业系统应用开发 / 226

5.4 智慧城市生活应用开发 / 235

5.5 本章习题 / 261

本章小结 / 263

PART 06 第6章
综合案例 / 265

本章概要 / 265

学习目标 / 265

6.1 功能概述 / 266

6.2 功能实施 / 267

6.3 本章习题 / 287

本章小结 / 288

参考答案 / 289

PART 01

第1章 物联网概述

<本章概要>

物联网技术作为新一代信息技术目前在各行各业广泛应用。学习物联网定义和基本原理、主流技术、主要应用和发展动态,对于掌握物联网应用的开发方法有积极作用。本章介绍物联网技术的基本原理,内容包括:
- 物联网的相关概念;
- 物联网的主要应用;
- 物联网的关键技术;
- 物联网的发展趋势。

<学习目标>

完成本章学习后,要求掌握如表1-1所示的内容。

表1-1 知识能力表

本单元的要求	知　　识	能　　力
物联网的定义	了解	
物联网特点	了解	
物联网的体系架构	了解	
物联网标准	了解	
物联网通信标准	了解	
物联网应用	了解	
传感器技术	理解	
自动识别技术	理解	
短距通信技术	理解	

1.1 物联网定义

1.1.1 物联网发展历程

早在1995年,比尔·盖茨在《未来之路》中就提到了物物互联,只是受限于当时的传感器网络的发展水平,并没有真正推动物联网的出现。1998年,麻省理工学院首次提出了基于电子产品代码(Electronic Product Code,EPC)系统的"物联网"构想。1999年,美国Auto-ID中心整合当时的物品编码技术、RFID技术和互联网技术,提出物联网(Internet of Things, IoT)的概念,期望实现在任何地点、任何时间、对任何物品的管理。

物联网概念出现的头几年并没有引起关注,直到2005年,国际电信联盟(International Telecommunication Union,ITU)在信息社会世界峰会上发布了《ITU互联网报告2005:物联网》,正式提出了物联网的概念。该报告全面透彻地分析了物联网的可用技术、市场机会和潜在的挑战,指出随着无线通信技术的发展,万物互联的时代正在到来,世界上的所有物体之间通过互联网实现消息传递正在一步步变成现实。传感器技术、射频识别技术、嵌入式技术以及无线通信技术将极大地推动万物互联地进展。

2009年,美国IBM首席执行官提出"智慧地球",即把感应器嵌入到社会中的建筑、铁路、公众场所等所有物件中,感应器将收集到的数据通过互联网传递到具有强大计算能力的计算中心,组成一个全世界范围的物联网。欧盟执委会在同一年也发布了物联网行动方案,描绘了物联网技术的应用前景,并提出要加强对物联网的管理、隐私和个人数据保护、提高物联网的可信度、推广标准化、建立开放式的创新环境、推广物联网应用等行动建议。在此期间,世界各国都开始强调物联网建设对于国家发展的重要意义。

我国政府高度重视物联网的发展,在物联网的发展中扮演了非常重要的角色。2009年11月3日,时任总理温家宝向首都科技界发表了题为《让科技引领中国可持续发展》的讲话,再次强调科学选择新兴战略性产业非常重要,并指示要着力突破传感网、物联网关键技术,表明物联网作为一个新兴领域正成为各国之间科技竞争的重要领域。2012年,工业和信息化部、科技部、住房和城乡建设部再次加大了支持物联网和智慧城市建设的力度,并发布了《物联网"十二五"发展规划》。我国政府高层一系列的重要讲话、报告和相关政策措施表明:大力发展物联网产业将成为今后一项具有国家战略意义的重要决策。2017年国务院发布了《关于深化"互联网+先进制造业"发展工业互联网的指导意见》,随后各部委相继发布了《关于推动工业互联网加快发展的通知》《关于深化新一代信息技术与制造业融合发展的指导意见》,这些都表明,物联网已经成为国家发展的重要战略,影响着中国工业的发展水平。

随着物联网技术、通信技术、人工智能技术等技术领域的飞速发展,物联网技术与其他技术的深度融合成为必要的趋势。通过物联网技术与其他各种现代信息技术的交叉应用,必将推动科技社会的飞速发展,而在这个过程中,物联网技术会起着关键性、决定性的作用。

1.1.2 物联网的定义

物联网最初被描述为物品通过射频识别等信息传感设备与互联网连接起来，实现智能化识别和管理。其核心在于物与物之间广泛而普遍的互联。物联网呈现了设备多样、多网融合、感控结合等特征。物联网技术通过对物理世界信息化、网络化，对传统上分离的物理世界和信息世界实现互联和整合。现阶段对于物联网的定义学术界尚没有统一的说法。

国际电信联盟是联合国管理信息和通信技术的专门机构，他们对于物联网的定义是将物理组件和虚拟组件结合在一起的架构。而且还强调物联网是任何人随时随地可以使用的网络体系，认为物联网应该是无处不在的。互联网工程组织（The Internet Engineering Task Force，IETF）是一个大型、开放的国际社区，由网络设计师、运营商、供应商和研究人员组成，主要关注互联网体系结构的演进和互联网的平稳运行。他们认为传统的网络只是基于TCP/IP协议的，而物联网是基于TCP/IP的网络和不基于TCP/IP的网络的结合。计算机、传感器、人、执行器、冰箱、电视、车辆、移动电话、衣服等都可以成为物联网的组成部分。国际电子电气工程师协会（Institute of Electrical and Electronics Engineers，IEEE）将物联网定义为通过各种通信协议，将可以唯一寻址的物理和虚拟设备互连起来的网络。而且在物联网中的设备是动态分配的，并且具有通过网络与外界交互的接口。

清华大学刘云浩教授认为物联网是一个基于互联网、传统电信网等信息承载体，让所有能够被独立寻址的普通物理对象实现互联互通的网络，它具有普通对象设备化、自治终端互联化和普适服务智能化三个重要特征。在物联网时代，每一件物体均可寻址，每一件物体均可通信，每一件物体均可控制。通常定义如下：物联网是指通过信息传感设备，按照约定的协议，把任何物品与互联网连接起来，进行信息交换和通讯，以实现智能化识别、定位、跟踪、监控和管理的一种网络。它是在互联网基础上延伸和扩展的网络。

时至今日，物联网仍然是一个发展中的领域，不同个人和机构由于出发点和落脚点不同，对于物联网的定义不同，但是物联网的各种定义中都强调了物体通过网络的互连。随着物联网技术的发展，世界将实现更为广泛的互联互通，对象将从人延伸到物体，而且互联互通的方式也会扩展，互联的节点数量也将指数增长。将来，物联网也将更为智能，实现多维数据感知以及大数据挖掘，促进现代科技发展。

1.1.3 物联网的特点

物联网在表现形式上呈现出终端规模化、感知识别普适化、异构设备互联化、管理处理智能化和应用服务链条化，其主要特点如下：

1. 万物互联

物联网实现了物体之间的连接。物体包括人与实际物体和虚拟物体，这是物联网的本质含义，不仅实现了人与人之间的，人与物体之间的，还实现了物体与物体甚至于虚拟物体之间的连接，是真正意义上的万物互联。

2. 唯一标识

在物联网中，物体都有唯一的身份标识，有利于在通信交互过程中的信息高效正确传输。

3. 普遍性

随时随地的接入是互联网的主要特征。在物联网的背景下，随时随地并不意味着是全球范围任何时间的接入，只是指在需要的场景下、需要的时间下的随时随地。

4. 感知交互能力

在物联网中的传感器会与物联网中的物体结合在一起协同工作，传输物体的数据，并通过通信技术实现物体与外界物体的交互。通过这种方式，使得物联网中的物体具有了感知交互的能力。

5. 嵌入式智能

物联网通过将智能和知识嵌入到物体中，使得物体具有了动态行为，并成为了人类的身体和心灵的外部扩展。

6. 可编程性

物联网系统中的物体具有可编程性。可编程设备是一种可以按照用户的程序指令执行各种行为而无需进行物理设备更改的设备。所以物联网设备可以根据不同的用户场景提供不同的功能，大大提高了物联网设备的通用性，也使得物联网能够适用于不同的用户场景。

7. 应用服务链条化

链条化是物联网应用的重要特点。以工业生产为例，物联网技术覆盖从原材料引进、生产调度、节能减排、仓储物流，到产品销售、售后服务等各个环节，成为提高企业整体信息化程度的有效途径。物联网技术在一个行业的应用也可以促进上下游的关联产业的物联网化，这些也都是基于物联网的普遍适用性。

1.2 物联网的体系结构

物联网应该具备三个特征：一是全面感知，即利用 RFID、传感器、二维码等随时随地获取物体的信息；二是可靠传递，通过各种电信网络与互联网的融合，将物体的信息实时准确地传递出去；三是智能处理，利用云计算、模糊识别等各种智能计算技术，对海量数据和信息进行分析和处理，对物体实施智能化的控制。

如图 1-2-1 所示，物联网一般有三个层次，底层是用来感知数据的感知层，第二层是数据传输的网络层，最上面则是内容应用层。

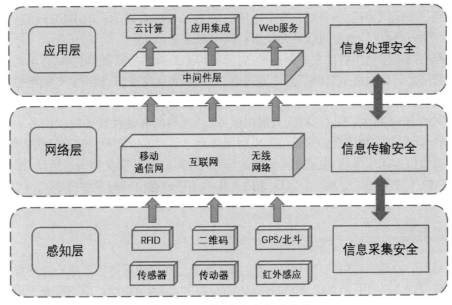

图 1-2-1 物联网的分层结构

1.2.1 感知层

感知层主要用于采集物理世界中发生的物理事件和数据，包括各类物理量、标识、音频、视频数据。

对于目前关注和应用较多的 RFID 网络来说，粘贴安装在设备上的 RFID 标签和用来识别 RFID 信息的扫描仪、感应器属于物联网的感知层。在这一类结构的物联网中被检测的信息是 RFID 标签内容。高速公路不停车收费系统、超市仓储管理系统等都是基于这一类结构的物联网。

应用于战场环境信息收集的智能微尘（Smart Dust）网络，感知层由智能传感节点和接入网关组成，智能节点感知信息（温度、湿度、图像等），并自行组网传递到上层网关接入点，由网关将收集到的感应信息通过网络层提交到后台处理。环境监控、污染监控等应用是基于这一类结构的物联网。

感知层是物联网发展和应用的基础，涉及的主要技术包括 RFID 技术、传感和控制技术、短距离无线通讯技术。这些技术又可以分为芯片研发、通讯协议研究、RFID 材料、智能节点供电等。西安优势微电子的"唐芯一号"是国内自主研发的首片短距离物联网通讯芯片，Perpetuum 公司针对无线节点的自主供电已经研发出通过采集振动能供电的产品，而 Powermat 公司也推出了一种无线充电平台。

1.2.2 网络层

网络层作为纽带连接感知层和应用层，它把感知到的信息无障碍、可靠、安全地传输到应用层，以便根据不同的应用需求进行信息处理。

物联网的网络层建立在现有的移动通讯网和互联网基础上。物联网通过各种接入设备与移动通讯网和互联网相连，如手机付费系统中由刷卡设备将内置手机的 RFID 信息采集上传到互联网，网络层完成后台鉴权认证并从银行网络划账。

物联网的网络层承担着巨大的数据量，它需要传感器网络与互联网技术、移动通信技术相融合。互联网是物联网最主要的信息传输网络之一，要实现物联网，就需要互联网适应更大的数据量，提供更多的终端。而 IPv6 拥有接近无限的地址空间，可以存储和传输海量的数据。利用互联网的 IPv6 技术，不仅可以为人提供服务，还能为所有硬件设备提供服务。移动物体之间、移动物体与静态物体之间的通信需要利用移动通信网得以实现。移动通信有两种方式，分别是有线通信和无线通信，在这两种方式的作用下，人们可以享受到语音通话、图片传输等服务。WiMAX、WiFi 以及 3G/4G/5G 等接入技术是移动通信网的主要技术。

1.2.3 应用层

应用层用于处理和运用信息。它包含应用支撑平台和应用服务。其中应用支撑平台子层用于支撑跨行业、跨应用、跨系统之间的信息协同、共享、互通的功能。应用服务子层包括各行业应用。物联网的应用可分为监控型（物流监控、污染监控）、查询型（智能检索、远程抄表）、控制型（智能交通、智能家居、路灯控制）、扫描型（手机钱包、高速公路不停车收费）等。

应用层是物联网发展的目的，应用层的关键技术主要是基于软件的各种数据处理技术，此外云计算可以助力物联网海量数据的存储和分析。依据云计算的服务类型可以把"云"分为如下三种：基础架构即服务（IaaS）、平台即服务（PaaS）、服务和软件即服务（SaaS）。

1.3 物联网标准

1.3.1 物联网标准体系

随着传感器、软件、网络等关键技术的迅速发展,物联网产业规模快速增长,应用领域广泛拓展,带来信息产业发展的新机遇。我国对物联网发展高度重视,《国家中长期科学与技术发展规划(2006—2020年)》和"新一代宽带移动无线通信网"重大专项中均将物联网列入重点研究领域。国内相关科研机构、企事业单位积极进行相关技术的研究,经过长期艰苦努力,攻克了大量关键技术,取得了国际标准制定的重要话语权,物联网发展具备了一定产业基础,在电力、交通、安防等相关领域的应用也初见成效。工业和信息化部将通过制定科学的产业政策、技术政策和业务政策,加强对物联网的产业指导和政策引导,努力为物联网发展创造良好的政策和市场环境。

标准作为技术的高端,对我国物联网产业的发展至关重要。目前,我国向国际标准化组织提交的多项标准提案被采纳,物联网标准化工作已经取得积极进展,我国物联网标准体系已形成初步框架,如图1-3-1所示。

图1-3-1 物联网标准体系框架

1.3.2 国际标准化组织

近年来,众多国际组织竞相推出关于物联网整体架构的各类标准,主要包括国际电信联盟电信标准化组织、欧洲电信标准化委员会下的 M2M 技术委员会以及国际标准化组织(ISO)下的国际电工委员会(IEC)。我国也高度重视物联网标准问题,力争主导国际标准的制定,一些物联网行业标准化组织和联盟相继成立,如物联网产业技术创新战略联盟、中国物联网标准联合工作组、传感器网络标准工作组、中国物联网标准联合工作组、电子标签标准工作组、泛在网技术工作委员会、中关村物联网产业联盟、中国信息化推进联盟物联网专业委员会、中国电子商会物联网技术产品应用专业委员会等。这些组织内的专家已主导或参与物联网领域的多项国际标准制定工作,表 1-3-1 列出了部分由我国专家提出并担任主编辑的国际标准获技术报告。

表 1-3-1 部分由我国专家提出并担任主编辑的国际标准或技术报告清单

标 准 号	标 准 名 称	英 文 名 称
ISO/IEC 29182-2: 2013	信息技术 传感器网络:传感器网络参考体系结构(SNRA)第 2 部分:词汇和术语	Information technology — Sensor networks: Sensor Network Reference Architecture (SNRA) — Part 2: Vocabulary and terminology
ISO/IEC 29182-5: 2013	信息技术 传感器网络:传感器网络参考体系结构(SNRA)第 5 部分:接口定义	Information technology — Sensor networks: Sensor Network Reference Architecture (SNRA) — Part 5: Interface definitions
ISO/IEC 20005: 2013	信息技术 传感器网络 智能传感器网络协同信息处理支撑服务和接口	Information technology Sensor networks Services and interfaces supporting collaborative information processing in intelligent sensor networks
ISO/IEC 19637: 2016	信息技术 传感器网络测试框架	Information technology — Sensor network testing framework
ISO/IEC 30141: 2018	物联网 参考体系结构	Internet of Things (IoT) — Reference architecture
ISO/IEC TR 30148: 2019	物联网 面向无线燃气表的传感器网络应用	Internet of Things (IoT) — Application of sensor network for wireless gas meters
ISO/IEC 21823-2: 2020	物联网 物联网系统互操作性 第 2 部分:传输互操作	Interoperability for IoT Systems — Part 2: Transport interoperability
ISO/IEC 30144: 2020	物联网 支撑变电站的无线传感器网络系统	Internet of Things (IoT) — Wireless sensor network system supporting electrical power substation
ISO/IEC TR 30164: 2020	物联网 边缘计算	Internet of things (IoT) — Edge Computing
ISO/IEC 30163	物联网 基于物联网/传感网技术面向质押动产监管集成平台的系统要求	Internet of Things (IoT) — System requirements of IoT/SN technology-based integrated platform for chattel asset monitoring
ISO/IEC 30165	物联网 实时物联网框架	Internet of Things (IoT) — Real-time IoT framework

(续表)

标准号	标准名称	英文名称
ISO/IEC 30169	物联网 面向电子价签系统的物联网应用	Internet of things (IoT) — IoT applications for electronic label system (ELS)
ISO/IEC 30172	数字孪生 用例	Digital Twin — Use cases
ISO/IEC 30173	数字孪生 概念和术语	Digital Twin — Concepts and terminology
ISO/IEC TR 30174	物联网 类似人类社会动力学的社会化物联网系统	Internet of Things (IoT) — Socialized IoT system resembling human social interaction dynamics
ISO/IECTR 30176	物联网与区块链/分布式账本融合：用例	Internet of Things (IoT) — Integration of IoT and DLT/Blockchain: Use Cases

1.3.3 物联网通信标准

随着计算机、电子技术的进步，无线通信技术也得到了蓬勃发展，除了传统的蜂窝网络、WiFi、蓝牙等通信术标准以外，过去几年又出现了一些新的无线标准，如 Zigbee、Z-Wave、LoRa、LTE-M、NB-IoT、WiFi 802.11ah(HaLow)和 802.11af(White-Fi)等。由于物联网应用程序在应用范围、数据需求、安全性和功率需求、电池使用寿命和目标市场等方面各不相同，这些因素将决定如何对不同的技术进行选择。下面将简要介绍几种比较常见的物联网通信标准。

1. IEEE 802.11/Wi-Fi

对于开发人员而言，Wi-Fi 连接是一个常见的选择，尤其是在家居产品和许多消费环境中，Wi-Fi 可谓无处不在。根据 IEEE 标准，Wi-Fi 的数据传输速率可以从 1 Mbps 到 1 Gbps，里程可达 300 米。对于 Wi-Fi 和 IoT 来说，最大的挑战是电池续航时间有限。Wi-Fi 供应商正使用新功能和新标准，努力降低 Wi-Fi 功耗，但需要一段时间才能正式推向市场。最新的 IEEE 802.11 ah 标准使用 915 MHz 频谱，数据率低至 300 kbps，最高里程可达 1 km，其新特性可将电池寿命延长至数月甚至数年。

2. Bluetooth 蓝牙

作为主要的短程通信标准之一，随着智能外设的兴起，蓝牙耳机、蓝牙手表、蓝牙鼠标键盘都越来越受欢迎，推动了蓝牙技术在实际应用场景的发展。而且随着蓝牙 4.0 的出现，在功耗、安全性、和连接性上都有了很大的改善，所以蓝牙技术在物联网领域仍然有着巨大的潜在应用场景。

蓝牙将无线配件与智能手机或平板电脑连接起来，并可作为互联网网关使用。可穿戴式心率监测器将数据上传至云端服务器，或手机遥控的门锁向安全公司发送状态信息，这是众多物联网应用的两个案例，而这些应用都可以通过蓝牙技术来实现。

低功耗蓝牙(Bluetooh Low Energy,BLE)是物联网应用的重要协议，它提供了与蓝牙类似的里程，却大幅降低了功耗。不过，BLE 的设计并不针对文件传输，而是更适合小块数据。

由于其在智能手机和许多其他移动设备上进行了广泛的整合,故而在个人设备上使用时有很多技术上的优势。互联网协议支持的最新版本将允许 BLE 传感器直接访问互联网。

3. Zigbee

Zigbee 与蓝牙类似,是一种低功耗、低数据速率、近距离自组织无线网络,支持网状网络拓扑,使用了 IEEE 802.15.4 标准,提供 250 kbps、40 kbps 和 20 kbps 的数据速率,只能在 10 至 100 米的范围内工作。Zigbee 网状网络可以包含多达 65 000 个设备,是蓝牙可以支持的两倍。

Zigbee 非常受物联网设备制造商的青睐,它提供了用户需要的大多数基本功能(连接性、范围、安全性),并且作为开放行业标准,它允许与任何 Zigbee 认证的设备进行互操作。

Zigbee 主要用于家庭自动化应用,如智能照明、智能恒温器和家庭能源监控。它还常用于工业自动化、智能仪表和安全系统。

4. LoRa

类似于 Zigbee,LoRa WAN 是一项专有技术,由非营利组织 LoRa 联盟定义和控制。主要区别在于,Zigbee 是一种短程物联网协议,旨在将多个设备紧密连接起来,而 LoRa 专注于广域网。

LoRa 特别适用于远程通信,其调制方式相对于其他通信方式大大增加了通信距离,可广泛应用于各种场合的远距离低速率物联网无线通信领域。比如自动抄表、楼宇自动化设备、无线安防系统、工业监视与控制等。具有体积小、功耗低、传输距离远、抗干扰能力强等特点,可根据实际应用情况对天线增益进行调节。

LoRa WAN 网络架构是一个典型的星形拓扑结构,在这个网络架构中,LoRa 网关是一个透明的中继,连接终端设备和服务器。网关与服务器通过标准 IP 连接,而终端设备采用单跳与一个或多个网关通信,所有的节点均是双向通信。LoRa 网关和模块间以星形网方式组网,而 LoRa 模块间理论上可以点对点轮询的方式组网,但是点对点轮询效率要远远低于星形网。网关可以实现多通道并行接收,同时处理多路信号,这大大增加了网络容量。

5. NB-IoT

NB-IoT 构建于蜂窝网络,只消耗大约 180 kHz 的带宽,可直接部署于 GSM 网络、UMTS 网络或 LTE 网络,以降低部署成本、实现平滑升级。

NB-IoT 聚焦于低功耗广覆盖物联网市场,是一种可在全球范围内广泛应用的新兴技术。其具有覆盖广、连接多、速率低、成本低、功耗低、架构优等特点。NB-IoT 使用 License 频段,可采取带内、保护带或独立载波三种部署方式,与现有网络共存。

NB-IoT 具备四大特点:一是广覆盖,将提供改进的室内覆盖,在同样的频段下,NB-IoT 比现有的网络增益 20 dB,相当于提升了 100 倍覆盖区域的能力;二是具备支撑连接的能力,NB-IoT 一个扇区能够支持 10 万个连接,支持低延时敏感度、超低的设备成本、低设备功耗和优化的网络架构;三是更低功耗,NB-IoT 终端模块的待机时间可长达 10 年;四是更低的模块成本,企业预期的单个接连模块不超过 5 美元。

6. NFC

NFC(近场通讯,Near Field Communication)是一项可以在电子设备之间实现简单和安全的双向交互的技术,尤其适用于智能手机,使消费者可以进行非接触式支付交易、访问数字内容及连接电子设备。从本质上说,它扩展了非接触式卡技术的功能,使设备能够在不超过 4 厘米的距离内共享信息。

1.4 物联网应用

典型的物联网应用包括智慧物流、智能交通、智能安防、智慧能源、智能医疗、智慧建筑、智能制造、智能家居、智能零售和智慧农业等。

1.4.1 智慧物流

智慧物流是以物联网、大数据、人工智能等信息技术为支撑,在物流的运输、仓储、包装、装卸、配送等各个环节实现系统感知、全面分析及处理等功能。智慧物流的实现大大降低了各行业运输的成本,提高了运输效率,提升了物流行业的智能化和自动化水平,企业不再为找物流、找货源、找车辆等琐事烦恼,数字物流系统可提供"Stop-here"的一站式服务。如图 1-4-1 所示。物联网应用于物流行业主要体现在三方面,即仓储管理、运输监测和智能快递柜。

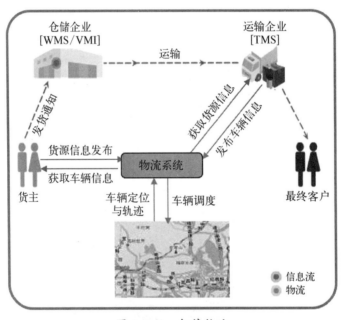

图 1-4-1 智慧物流

仓储管理:通常采用基于 LoRa、NB-IoT 等传输网络的物联网仓库管理信息系统,完成收货入库、盘点调拨、拣货出库以及整个系统的数据查询、备份、统计、报表生产及报表管理等任务。

运输监测:实时监测货物运输中的车辆行驶情况以及货物运输情况,包括货物位置、状态环境以及车辆的油耗、油量、车速及刹车次数等驾驶行为。

智能快递柜:将云计算和物联网等技术结合,实现快件存取和后台中心数据处理,通过

RFID 或摄像头实时采集、监测货物收发等数据。

1.4.2 智能交通

智能交通通过将集成先进的信息技术、数据传输技术以及计算机处理技术等技术集成到交通运输管理体系中,使人、车和路能够紧密的配合,改善交通运输环境、保障交通安全以及提高资源利用率。物联网应用于智能交通,包括智能公交、共享单车、汽车联网、智慧停车以及智能红绿灯等。

智能公交：结合公交车辆的运行特点,建设公交智能调度系统,对线路、车辆进行规划调度,实现智能排班、提高公交车辆的利用率,同时通过建设完善的视频监控系统实现对公交车内、站点及站场的监控管理。如图 1-4-2 所示。

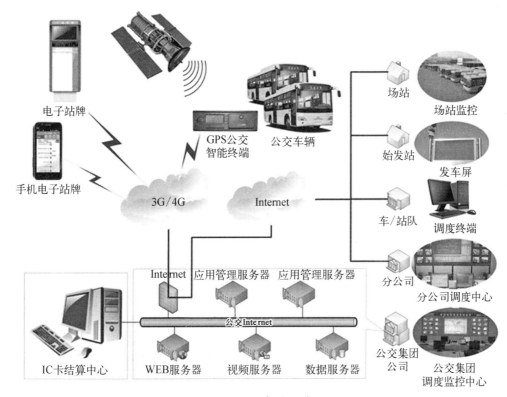

图 1-4-2　智能公交

共享单车：运用带有 GPS 或 NB-IoT 模块的智能锁,通过 APP 相连,实现精准定位、实时掌控车辆状态等。

汽车联网：利用先进的传感器及控制技术等实现自动驾驶或智能驾驶,实时监控车辆运行状态,降低交通事故发生率。

智慧停车：通过安装地磁感应,连接进入停车场的智能手机,实现停车自动导航、在线查询车位等功能。

智能红绿灯：依据车流量,行人及天气等情况,动态调控灯信号,来控制车流,提高道路承载力。

1.4.3 智能安防

安防是物联网的一大应用市场,智能安防通过设备实现智能判断。智能安防核心在于智能安防系统,系统对拍摄的图像进行传输与存储,并对其分析与处理。一个完整的智能安防系统主要包括三大部分,门禁、监控和报警,行业中主要以视频监控为主。

门禁系统:主要以感应卡式,指纹,虹膜以及面部识别等为主,有安全、便捷和高效的特点,能联动视频抓拍、远程开门、手机位置探测及轨迹分析等。

监控系统:主要以视频为主,分为警用和民用市场。通过视频实时监控,使用摄像头进行抓拍记录,将视频和图片进行数据存储和分析,实时监测、确保安全。如图 1-4-3 所示。由于采集的数据量足够大,且时延较低,因此目前城市中大部分的视频监控采用的是有线的连接方式,而对于偏远地区以及移动性的物体监控则采用的是 4G 等无线技术。

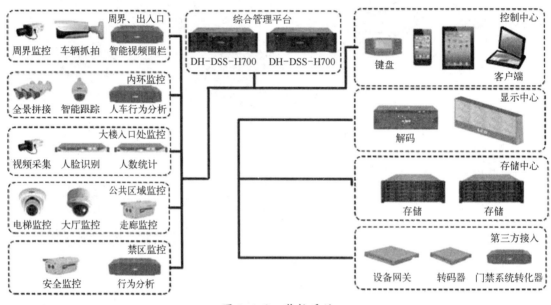

图 1-4-3 监控系统

报警系统:主要通过报警主机进行报警,同时,部分研发厂商会将语音模块以及网络控制模块置于报警主机中,缩短报警反映时间。

1.4.4 智慧能源

智慧能源属于智慧城市的一个部分,目前,将物联网技术应用在能源领域,主要用于水、电、燃气等表计以及根据外界天气对路灯的远程控制等,它基于环境和设备进行物体感知,通过监测,提升利用效率,减少能源损耗。智慧能源分为四大应用:智能水表、智能电表、智能燃气表和智慧路灯。

智能水表:可利用先进的 NB-IoT 技术,远程采集用水量,以及提供用水提醒等服务。

智能电表:自动化信息化的新型电表,具有远程监测用电情况,并及时反馈等功能。

智能燃气表:通过网络技术,将用气量传输到燃气公司,无需入户抄表,且能显示燃气用量及用气时间等数据。

智慧路灯：将 IoT 模块附在路灯上就是智能路灯了。同样的，可以将路灯的状态传送给平台，路灯管理系统可以有效的监控和管理每一个路灯，降低电力成本和维护成本。更进一步的，路灯可以使用传感器检测环境的变化，如环境亮度的情况，以实现更动态的控制。路灯还可以用于监控环境，将空气质量等数据传送给平台，使连接更有价值。如图所示 1-4-4 所示。

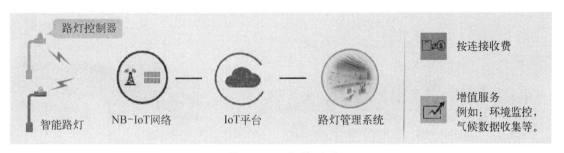

图 1-4-4　智慧照明

1.4.5　智能医疗

智能医疗的两大主要应用是医疗可穿戴和数字化医院。在智能医疗领域，新技术的应用必须以人为中心。而物联网技术是数据获取的主要途径，能有效地帮助医院实现对人的智能化管理和对物的智能化管理。对人的智能化管理指的是通过传感器对人的生理状态（如心跳频率、体力消耗、血压高低等）进行捕捉，将他们记录到电子健康文件中，方便个人或医生查阅。对物的智能化管理，指的是通过 RFID 技术对医疗物品进行监控与管理，实现医疗设备、用品可视化。

医疗可穿戴：通过传感器采集人体及周边环境的参数，经传输网络，传到云端，数据处理后，反馈给用户。如图 1-4-5 所示为可穿戴传感器采集的参数。

数字化医院：将传统的医疗设备进行数字化改造，实现了数字化设备远程管理、远程监控以及电子病历查阅等功能。

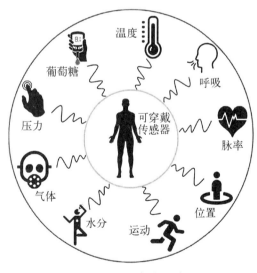

图 1-4-5　可穿戴传感器

1.4.6　智慧建筑

以建筑物为平台，基于对各类智能化信息的综合应用，集架构、系统、应用、管理及优化组合为一体，具有感知、传输、记忆、推理、判断和决策的综合智慧能力，形成以人、建筑、环境互为协调的整合体，为人们提供安全、高效、便利及可持续发展功能环境的建筑。建筑智能化的目的，就是为了实现建筑物的安全、高效、便捷、节能、环保、健康等属性。智慧建筑主要体现在高效的能源管理、预测性维护和实时监测等方面。

高效的能源管理：通过使用传感器，智能温控器可以监测室内和室外的空气温度、湿度以及房间中是否有人等等。这些数据可用于智能控制建筑物内的 HVAC（暖通空调）系统，可实现仅在必要时才为房间制冷或加热的功能。此外，智能电表可以更精确地监控整个建筑物的能耗，而使用智能电插座也可使用户检测到那些高能耗的设备，并采取适当措施以减少能耗，节约能源成本支出。如图 1-4-6 所示为智慧建筑能源管理系统。

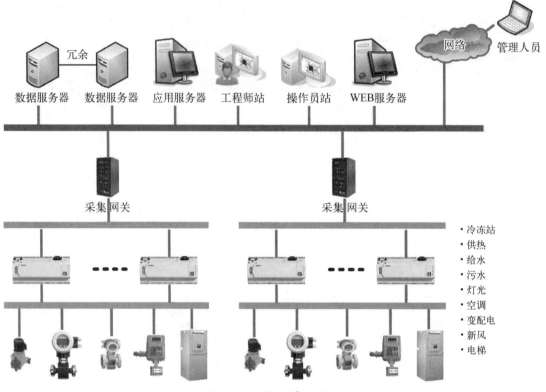

图 1-4-6　能源管理系统

预测性维护：随着大量 IoT 设备的部署与应用，许多设施都需要采用预测性维护来确保设备正常运行。利用互联传感器技术对智能建筑的维护包括设备温度、功率和声音等，可以实现更加精确、细致的观察，从而将大大提升智能建筑的维护水平。

实时监测：建筑物中的智能传感器能够实现实时数据监测。监控和报告的包括火灾警报、办公室空气质量、危险化学物质检测和建筑结构完整性等，可让每个人的工作学习生活变得更加安全。监控和报告的实时占用、地理位置和人流量数据可用于识别空间使用模式，从而实现空间高效利用，可以根据实际使用数据重新配置办公室和优化店铺的布局。用户还可以通过配搭类似徽章的小物件来实现访问权限控制，通过现场采集到的信息，建筑物管理人员可以远程控制哪些人可以进入建筑物，而无需到现场。

1.4.7　智能制造

智能制造指的是使用物联网机器和设备，即在机器和设备中嵌入传感器来收集数据。这些传感器可以测量多种变量数据,如温度、压力和湿度,这些数据可用于评估和改进生产流程。物联网在智能制造的应用主要体现在预测性维护、节约能源、供应链和劳动力优化、节约成本和提高产品质量。图1-4-7为智能工厂的数字化车间。

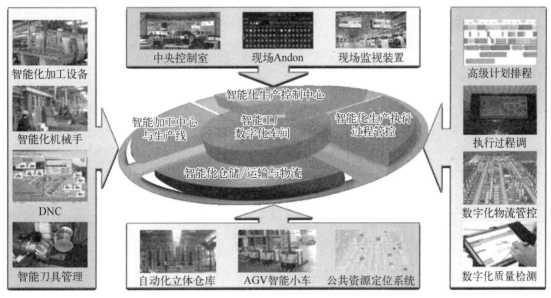

图1-4-7 智能工厂的数字化车间

预测性维护:物联网传感器收集的数据实时传递,因此可以预测设备何时需要修理。预测性维护优化了资产性能,降低了运营成本,甚至延长了设备的使用寿命。

节约能源:智能制造有助于监控设备的能耗。能耗数据可用于改善生产计划,降低总体能耗,并降低相关成本。查明非工作时间浪费的能源也可以帮助节省资金。

供应链和劳动力优化:物联网为供应链的各个方面提供实时信息。分析这些供应链数据可以更好的管理库存、降低生产成本和提高生产效率。

节约成本:使用物联网传感器收集数据,并正确使用数据可以降低机器的维护成本、减少机器的停机时间、降低能源消耗、更低的库存和供应链管理成本、因质量或缺陷导致的产品召回和退货减少。

提高产品质量:使用物联网传感器监控设备,并正确使用数据可以识别导致质量下降的问题。在失去(浪费)时间、金钱和声誉之前,这些问题可以立即得到调查和解决。从而提高产品质量。

1.4.8 智能家居

智能家居指的是使用各种技术和设备,让家庭更舒适,更方便,更安全,更符合环保。物联网应用于智能家居领域,能够对家居类产品的位置、状态、变化进行监测,分析其变化特征,同时根据人的需要,在一定的程度上进行反馈。如图1-4-8所示主要体现在智能家电控制、智能灯光控制、智能影音、智能安防、基于物联网的远程监控等。

智能家电控制:智能家电控制主要是通过遥控、电话手机、电脑远程、定时、可穿戴设备和场景自适应等多种控制,实现对空调、热水器、饮水机、电视以及电动窗帘等设备进行智能控

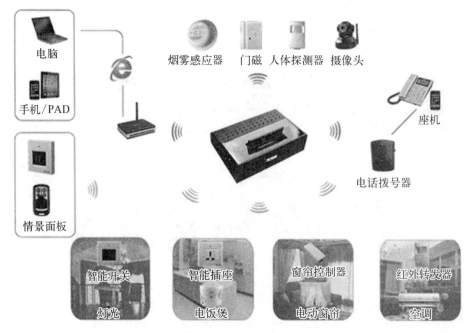

图 1-4-8 智能家居

制。用户可以根据自己的需求自由的配置和添加家电控制节点。该功能不仅给用户带来了便利,也在一定程度上节约了能源。

智能灯光控制：智能灯光控制主要通过智能开关来替换传统开关,从而实现对家庭灯光进行感应控制并可创造家庭影院的放映、浪漫晚宴、朋友聚会的场景、宁静周末的餐后、读报等灯光场景模式。此外,智能灯光控制还会根据全天外界的光线自动调整室内灯光,根据全天不同的时间段自动调整室内灯光。

智能影音：智能影音能够控制室内 DVD/VCR/卫星电视/有线电视等影音设备,包括音量/频道/预设/暂停/快进等。实现随时随地的全方位控制。并根据具体的生活场景,自由转换影音配合效果,让家居生活倍感愉悦。

智能安防：可参见 1.4.3.

远程监控：通过浏览器或者手机远程调控家居内摄像头从而实现远程探视。此外,还可通过浏览器或者智能手机、可穿戴设备等控制家庭电器。如远程控制电饭锅煮饭,提前烧好洗澡水,提前开启空调调整室内温度等。

1.4.9 智能零售

智能零售通过将传统的售货机和便利店进行数字化升级、改造,打造无人零售模式。通过数据分析,并充分运用门店内的客流和活动,为用户提供更好的服务,为商家提供更高的经营效率。智能零售依托于物联网技术,主要体现了两大应用,即自动售货机和无人便利店。

自动售货机：自动售货机也叫无人售货机,分为单品售货机和多品售货机,通过物联网卡平台进行数据传输,客户验证,购物车提交,到扣款回执。如图 1-4-9 所示。

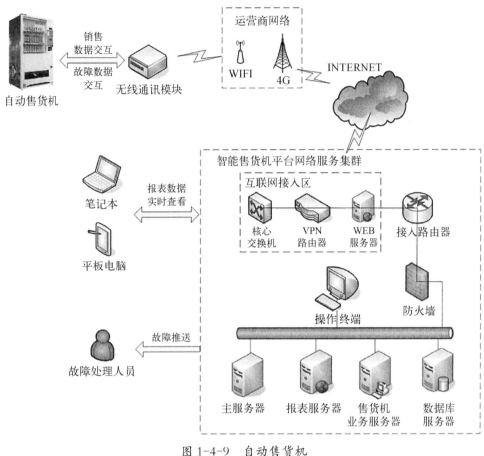

图 1-4-9 自动售货机

无人便利店：采用 RFID 技术，用户仅需扫码开门，便可进行商品选购，关门之后系统会自动识别所选商品，并自动完成扣款结算。

1.4.10 智慧农业

智慧农业是利用物联网、人工智能、大数据等现代信息技术与农业进行深度融合，实现农业生产全过程的信息感知、精准管理和智能控制的一种全新的农业生产方式，可实现农业可视化诊断、远程控制以及灾害预警等功能。农业分为农业种植和畜牧养殖两个方面。

农业种植：农业种植分为设施种植（温室大棚）和大田种植，在播种、施肥、灌溉、除草以及病虫害防治等五个部分，利用传感器、摄像头和卫星等收集数据，实现数字化和智能机械化发展。如图 1-4-10 所示。

畜牧养殖：畜牧养殖主要是将新技术、新理念应用在生产中，包括繁育、饲养以及疾病防疫等。如通过耳标、可穿戴设备、摄像头来收集数据，然后分析并使用算法判断畜禽的状况，精准管理畜禽的健康、喂养、位置、发情期等。

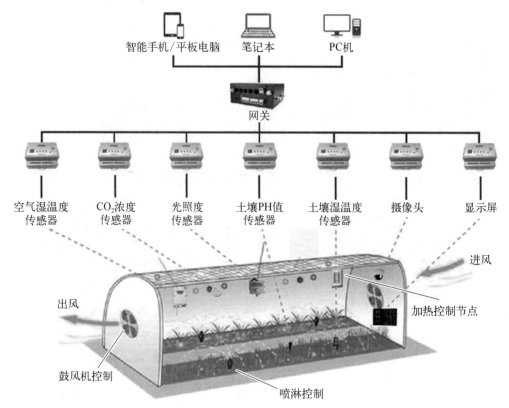

图 1-4-10 智慧农业种植

1.5 物联网关键技术

1.5.1 传感器技术

在很长的一段时间里,人类是依靠视觉、听觉、嗅觉等方式来感知周围的环境变化,但是人类本身的感官系统具有很大的局限性。例如人类不能感知极高的温度,也不能感知很小的温度变化。传感器作为连接物理世界和电子世界的媒介,在信息化过程中发挥了关键的作用。传感器是"能够感受规定的被测量中并按照一定的规律转换成可用的输出信号的器件和装置"。如图 1-5-1 所示,传感器一般由敏感元件、转换元件和基本电路组成。敏感元件是指传感器中能直接感受被测量的部分,转换元件见敏感元件的输出转换成电路参量。基本电路将电路参数转化成电量。

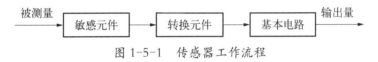

图 1-5-1 传感器工作流程

传统的传感器有很大局限性,其网络化智能化的程度不够,数据处理和数据分析的能力十分有限,而且无法进行信息共享。将传感器技术与通信技术、计算机技术充分结合运用,使得现代传感器具有"微型化"、"智能化"和"网络化"的特征,而且也促进了无线传感器网络的产生。

无线传感器网络(Wireless Sensor Networks,WSN)由部署在监测区域的大量廉价的微型传感器节点组成,通过无线通信方式形成一个多跳的、自组织的网络系统,其目的是协作地感知、采集和处理网络覆盖区域被感知的对象的信息。无线传感器网络包括传感器部件、微型处理、无线通信芯片和供能装置,如图 1-5-2 所示。

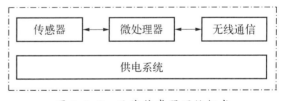

图 1-5-2 无线传感器网络组成

1. 传感器

现在日常生活中有很多传感器,比如压力传感器、位置传感器、能耗传感器、速度传感器及加速度传感器等。处理器通过两种方式与传感器进行交互:模拟信号和数字信号。基于模拟信号的传感器为每一个测量输出一个原始的模拟量,如电压。这些模拟量必须被数字化才能被使用,这些传感器需要外部的模/数转换器以及额外的校准技术。基于数字信号的传感器本身提供了数字化的接口。

2. 微处理器

微处理器是无线传感节点中的负责计算的核心。目前的微处理器芯片同时也处理了内存、闪存、模/数转换器、数字 IO 等。对于物联网中的微处理器，应主要关注微处理器的功耗性能、唤醒时间、供电电压、运算速度、内存大小等指标。

3. 通信芯片

通信芯片是无线传感节点中重要组成部分。在通信芯片的选择中，主要关注芯片的总能量消耗以及芯片的传输距离。影响芯片的传输距离的一个因素是芯片的发射功率，发射的功率越大，信号传输的距离越远；另一个因素是接收的灵敏度，在其他因素不变的情况下，增加接受的灵敏度可以增加传输距离。

4. 供能系统

由于物联网节点的低容量，需要追求物联网节点的低能耗，与此同时，提高物联网节点的能量效率也是一个值得关注的方向。可再生能量、无线充电等技术正在成为物联网能耗系统的新方向。

1.5.2 自动识别技术与 RFID

自动识别技术在物联网技术中扮演着重要的角色，能够提供对物品的快速识别，大大降低了对物体识别的难度，也降低了对物体的归类整理的成本。现代自动识别技术包括光符号识别技术、语音识别技术、生物计量识别技术、IC 卡技术、条形码技术等。

1. 光符号技术

20 世纪 60 年代，人类就开始研究光符号识别，主要优点是信息密度高，在机器无法识别的情况下人类也可以利用眼睛阅读，但是其成本比较昂贵。

2. 语音识别技术

语音识别技术在很早之前就被提出来了，可以被应用于语音拨号、语音导航、室内设备控制和语音文档检索等。随着马尔可夫模型的引入和自然语言处理技术的发展，语音识别技术近年来得到了快速的发展。

3. 生物计量识别技术

通过生物特征的比较来识别不同的生物个体的方法。包括发展迅速的语音识别和指纹识别技术，生物特征包括脸、指纹、手掌纹、虹膜、视网膜等。

4. 条形码技术

条形码技术是将宽度不等的多个黑条和空白，按照一定的编号规则排列，用以表达信息的图形标识符。将条形码转化为有意义的信息，需要经历扫描和译码两个过程。物体的颜色是由其反射光的类型决定的，白色物体能发射各种波长的可见光，黑色物体则吸收各种波长的可见光。扫描时光电转换器根据强弱不同的反射光信号转化为相应的电信号。

5. 射频识别技术 RFID

射频识别技术（Radio Frequency Identification，RFID）利用射频信号通过空间耦合（交变磁场或电磁场)实现无接触信息传递并通过所传递的信息达到自动识别的目的。RFID 系统由五个组件,包括传送器、接收器、微处理器、天线和标签。其中传送器、接收器和微处理器通常被封装在一起成为阅读器。其工作原理类似于雷达,首先阅读器通过天线发出电子信号,标签接收到信号后发射内部存储的标识信息,阅读器再通过天线接收并识别标签发回的信息,最后阅读器再将识别结果发送给主机。

RFID 的频率是 RFID 系统的一个很重要的参数指标,它决定了工作原理、通信距离、设备成本、天线形状和应用领域等各种因素。RFID 的典型的工作频率有 125 kHz、133 kHz、13.56 MHz、27.12 MHz、433 MHz、860—960 MHz、2.45 GHz、5.8 GHz 等。RFID 技术在物流、物资管理、物品防伪、快速出入、动植物管理等诸多领域的应用已经如火如荼,随着数字信息技术在各行业的广泛深入,RFID 在零售、医疗等行业甚至之政府部门等应用领域已经逐渐普及开来。

1.5.3 定位技术

在物联网系统中,物体的位置包含着重要的信息。在日常生活中,定位导航,路线规划,通信策略等都跟位置信息密不可分。在物联网系统中,主要有 GPS 定位系统、蜂窝基站定位系统、室内精确定位系统以及 WIFI 基站定位系统。物联网节点在各种场景中依据不同的指标,合理的选择定位系统,实现特定目的下的节点定位。

物联网中的定位技术五花八门,但是其中的根本原理基本都是相同的,要对一个物体就行定位,必须确定:一个或多个位置坐标已知的参考点;二是系需要得到待定位物体与已知的参考点之间的位置相对关系。其中,距离、角度、区域等都可以作为定位的指标参数。

1. 基于距离的定位

这种方法就是先测量出目标到数个参考点的距离,然后利用测得的距离以及参考点的坐标来计算出目标的位置。在测试距离的方法中,可以选择电磁波或者声波作为发射信号,利用信号的反射与接收来测量距离。

2. 基于距离差的定位

基于距离的定位的一个挑战就是在测量的时候必须同步测量目标和参考点的时钟。准确同步不同设备之间的时钟是一件几乎不可能完成的事情。基于据距离差的方法的最大优点在于不需要测量目标和参考点之间的时钟同步。

3. 基于信号特征的定位

射频信号在传播过程中,其信号强度会不断衰减。离信号源越近的地方,接收到的信号的强度越高;离发射信号源越远的地方,接收到的信号的强度越弱。利用这个特性,综合考虑噪音、阴影效应、多径效应可以进行位置定位。

基于物联网环境的异构化和环境多变的特性,如何处理这些不同,让不同的设备在不同的环境下进行准确的定位,是现在定位技术面临的挑战。而且考虑到物联网设备的体积小、分布密集,不同信号之间相互干扰也给定位技术的应用带来了新的挑战。另一个问题是规模化的物联网应用场景下,手机、传感器、电子标签等各种各样的物联网设备的接入使得物联网中的数据非常庞大,如何快速有效的处理这些海量的数据信息仍然是一个亟待解决的问题。

1.5.4 互联网和移动互联网

互联网是 20 世纪末期兴起的电脑网络和电脑网络之间所串连形成的庞大的网络系统,这些网络通过标准的网络协议相连。互联网通过一系列广泛的技术如电子、无线和光纤网络技术联合在一起,提供了广泛的信息资源和服务。

移动互联网就是将移动通信和互联网两者结合起来,二者相互结合,成为新的通信场景和通信技术。移动互联网能够提供包括网页浏览、视频会议、电子商务、电视节目直播等以前只能存在于互联网上的应用服务。移动互联网从 3G、4G 发展到现在已经开始普遍使用的 5G,大大提高了在移动环境下的互联网的使用场景,为人们提供了更为便捷的移动互联网服务。随着 5G 技术的发展,其高传输率也极大地促进了实时应用比如虚拟现实、增强现实服务。随着人工智能技术的发展,将人工智能技术与移动互联网技术紧密结合,推动了工业自动化、智能家居、智能城市、智能出行正在一步步变为现实。

1. 视频通话

在 4G 的大规模应用下,移动视频通话已经成为人们的日常生活必需服务。视频通话让移动用户看到了更为丰富的数据交流方式,体现出了新一代移动通信技术在速度和带宽上的巨大提升。

2. 手机电视

随着 4G 以及 5G 技术的发展,移动视频服务已经成为一项基本的需求,手机电视、手机直播、以及兴起的购物直播都得益于现在的通信技术的发展,在手机端就能提供高效优质的服务,给人们的日常生活带来了极大的便利。与此同时,新的使用场景的出现也进一步推动了移动互联网技术的发展,通信技术更新换代的速度显著加快。

3. 自动驾驶

随着 5G 技术的成熟,在移动场景下实现了可靠的高速率数据传输。与此同时,人工智能领域也取得了突破性进展,深度学习、强化学习、迁移学习等一系列人工智能技术的发展也使得移动互联网的使用场景得到了很大的扩展。基于 5G 通信技术,结合现代的物体检测、物体识别、动作预测等技术,使得自动驾驶正在成为可能。

1.5.5 无线低速网络

物联网中的物体多数工作的能量受限于环境,计算能力、资源不足,在能耗受限,计算能力不足,内存资源有限的情况下,低速的无线网络是适用的无线通信技术。无线低俗网络主要包括红外线通信、蓝牙通信、ZigBee 通信协议、LoRa、NB-IoT 等。详细介绍可参见 1.3.3。

1.5.6 无线宽带网络

物联网要做到世界上的任何物体都有址可寻,大到飞机、火车,小到传感器、微处理器、微控制器等都被连接成一个整体,从而有效地将物理世界和信息世界连接起来,从信息的采集与处理,到决策的制定和执行都需要在网络中高效、准确地完成,可靠、方便快捷的信息传输手段和覆盖范围较广、传输速度较快的无线宽带网络是重要组成部分。

无线网络主要包括无线广域网、城域网、局域网和个域网。

1. 无线广域网

无线广域网可以覆盖整个城市甚至是整个国家。其主要有两种信号传播途径:通过多个相邻的地面基站进行接力传播以及通过通信卫星系统进行传播。当前广域网主要包括 2G、3G、4G 以及 5G 系统。

2. 无线城域网

无线城域网的基站信号可以覆盖整个城市去于,在服务区域内用户可以通过基站访问互联网等上层网络。微波接入的全球互通技术是实现城域网的主要技术。

3. 无线局域网

无线局域网可以在一个区域内为用户提供可以访问互联网等上层网络的无线连接。无线局域网有两种工作模式:第一种是基于基站的模式,无线设备必须通过接入点才可以访问上层网络;第二种是自组织模式,无线设备之间无需中心基站节点,能够自动组织成一个多跳的局域网络。例如 WIFI 就是应用最为广泛的无线局域网网络。IEEE 80.11 的一系列协议是针对无线局域网制定的规范,大多数 802.11 协议的接入点的覆盖范围为几十米。

4. 无线个人局域网

无限个人局域网在更小的范围内以自组织的模式在用户之间建立用于相互通信的无线连接。蓝牙传输技术和红外传输技术是无线个人局域网中的两个重要技术。IEEE 802.15 的一系列协议是针对无线个人局域网行为的规范。

无线宽带网络协议大多是基于基站与上层网络进行数据交互的,这种模式下,用户的地址是由上层网络服务商提供的,基站代替有线网络中的交换机,用户使用的无线网卡取代了有线网卡。所以无线宽带网络和有线宽带网络的主要区别集中在数据链路层和网络层。无线宽带网络在使用过程中会遇到一些难点:

(1) 信号强度会随着传输距离的增加而减弱,所以导致无线网络的传播距离有限。

(2) 外界环境比如房屋、树木等都会造成无线信号的非视线传输,由于遮挡物的存在,无线信号可能会被吸收或者迅速衰减。

(3) 相同的无线频段之间的信号会相互干扰,导致信道的信噪比降低,从而导致信号的传输速率变慢。

(4) 在无线信号的传播过程中,由于阻挡物的折射和反射,导致发送者和接收者之间有多条长度不同的信号传播路径。沿不同路径传播的无线信号在接收端会造成信号的干扰。

1.5.7 物联网操作系统

由于有些物联网设备的能量有限、计算能力有限、而且传感器的节点数量大、硬件中了多、分布广、网络动态性强等特点,物联网操作系统需要满足以下特点:

（1）低功耗。由于一些物联网设备如传感器节点通常采用电池供电，而由于复杂的使用场景下难以更换电池，所以对于操作系统的低功耗要求变得极其重要。

（2）轻量级。物联网设备节点的内存资源非常宝贵，这极大的限制了运行的操作系统的代码量，所以操作系统必须具有高效的资源管理和任务调度能力。

（3）实时和并发操作。在物联网的许多应用场景中，都需要对应用进行实时响应，所以对操作系统的实时性要求非常高。另外，数据采样、数据处理、数据转发可能需要同时进行，所以物联网操作系统需要支持实时和并发操作。

常见的物联网操作系统包括：

1. Contiki 操作系统

Contiki 是早期是由 WSN 开发，后来经过一些改进，现在已在物联网平台上使用。自 2004 年发布以来，已经在物联网的平台上得到了很大的改进。Contiki 具有各种版本，并获得了伯克利软件发行（BSD）的许可。最近，Contiki 已采用模块化架构样式进行开发，并支持了抢占式多线程调度。Contiki 将 Rime 用作其网络堆栈，旨在提高电源和内存管理的效率。它对低功耗无线个人区域网（6LoWPAN）上的 IPv6 的支持也使 Contiki 得到了更为广泛的应用。目前，Kontiki 是物联网领域最为常用的操作系统。

2. TinyOS 操作系统

TinyOS 被称为 WSN 的主流操作系统。但是，由于其良好的特性，例如对各种设备的支持以及编程的简便性，它也可以用于物联网。TinyOS 支持单片架构和事件驱动的编程模型。它具有各种调度技术和多种算法。而且，TinyOS 有自己的编程语言 NesC，通过 NesC，它能够提高电源和内存的效率和管理技术。它还具有自己的活动消息机制，可以通过网络进行通信。Contiki 和 TinyOS 都是物联网操作系统领域的主导者。

3. 华为 LiteOS

LiteOS 于 2008 年开发，是用于物联网的开源操作系统。它具有独特的模块化体系结构

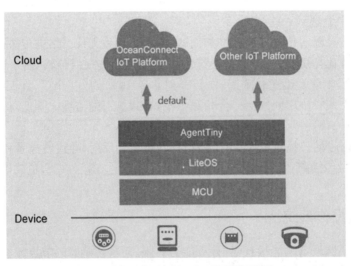

图 1-5-3 华为 LiteOs 结构示意图

第1章 物联网概述

和内核,其多种模块可以自由拓展,而且其内核小于 10 KB,使得操作系统轻量化。LiteOs 在其编程模型中既实现了事件又实现了线程,而且针对处理器、通信协议、已经云端做了优化,使得适用于物联网的使用场景。

4. AliOS Things

AliOS Things 是面向物联网的轻量级嵌入式操作系统。其具有微内核架构,能够极大地减小内核资源的占用。其致力于搭建云端一体化物联网基础设备,具备极致性能,极简开发、云端一体、丰富组件、安全防护等关键能力,支持多种物联网通信协议,支持终端设备连接到阿里云 Link,支持物联网设备自动建立通信网络,可广泛应用在智能家居、智慧城市、新出行等领域。

1.5.8 数据库管理系统

在物联网的无线传感器网络的一个重要特点就是"以数据为中心",物联网的用户并不关心物联网本身的数据来源已经网络本身的处理等,用户关心的是数据本身以及数据背后所反映的关键的信息。在无线传感器网络中,数据库技术起到了重要的作用:存储传感器产生的数据、分发用户的查询、处理查询并返回结果、消除查询结果中的数据冗余以及不确定性物联网的数据具有海量性、多态性、关联性等特点,数据量大,数据表示的信息量大而且相互关联,给物联网的数据处理带来了很大的挑战。

1. 关系数据库

关系数据库是当前最主要的数据处理软件。自 2002 年 IT 市场衰退过后,关系数据库便进入了快速增长期。关系数据库是一组具有不同名称的关系的集合。例如学校的教职工关系表和学生关系表可以构成一个描述学校信息的关系数据库。在关系数据库中,数据模型不仅定义了数据库的结构,而且提供了查新数据、修改数据的方法。关系数据库的优势主要在于:高度的数据独立性;开放的数据语言、数据一致性、数据冗余性;关系数据库支持灵活的自定义的数据操作语言。常见的关系数据库系统包括 Oracle 数据库是使用最为广泛的数据库系统,SQL Server 是微软公司开发的数据系统,其使用方便、界面友好,而且有相应的软件配套支持。另外,MySQL 作为一款开源的小型关系数据库管理系统,具有体积小、速度快、成本低、开放性高的优点。

2. 新型数据库

由于关系数据库在使用过程中仍然有很多缺陷,所以学术界和工业界都开始提出非关系数据库来作为关系数据库的补充,这些数据库被称为"NoSQL"数据库。他们针对非关系型、分布式的数据存储,不需要数据库具有确定的表模式,通过避免连接操作来提升数据库的性能。

1.5.9 海量信息存储

由于物联网的节点数量的爆炸式增长,带来了物联网中的数据的指数级别的增长,由此不仅带来了数据的收集和处理的问题，如何有效方便地存储物联网环境下的大量数据，方便以后各种场景下的使用也是一个需要解决的课题。

传感器产生的数据既可以存储在传感器的内部（即分布式存储），也可以通过网络发送到网关，进行集中存储。

1. 分布式存储

因为用户一般并不是对所有的数据都感兴趣，用户关注的只是所有数据中的一小部分，所以将数据存储在节点上能够减少不必要的数据传输，也从而减少数据传输带来的对于网络带宽和节点能量的消耗。但是由于传感器的内存和外部存储的空间都非常有限，限制了能够存储的数据量，在有些应用场景下，节点的存储容量并不能满足任务执行的需求；另一方面，由于所有的数据都存储在传感器节点本地，有些任务执行可能需要从各个不同的地方传输数据，而且因为网络连接的不稳定性，可能导致数据传输的时延增大，从而无法满足应用的实时性要求。最后，部分传感器节点可能是数据查询的热点，导致传感器节点负载和网络的带宽负载加大，导致"热点"问题。为了有效地解决"热点"问题，可以采取特殊的存储策略，是的感知的数据能够达到动态的负载均衡，提高系统的性能。

2. 集中存储

集中存储的好处是收集到的数据都能够被永久保存，不会存在历史数据的缺失，而且网关在查询数据的时候不需要从节点请求数据，直接在本地操作就可以，加快了处理速度。但是缺点是由于在数据传输中可能有数据丢失的问题，所以可能导致数据库中的数据是不完整的。

3. 数据压缩存储

由于单个物体会连续不断地产生数据而且在物联网系统中存在数以亿计地物体，所以海量数据的传输会给网络带宽和节点的能量带来巨大的负载，所以在网络传输的时候尽可能采用数据压缩技术，减小对网络带宽的要求。在数据中心存储数据时，也需要尽可能地压缩数据、剔除冗余数据、甄别数据。在海量数据背景下，数据的压缩存储已经成为一个研究的热点。

1.5.10　物联网智能决策

物联网的智能决策是将 RFID、传感器和执行的信息收集起来，通过数据挖掘等手段从原始的信息中提取有用信息，为之后的决策提供智能支持。同时，物联网也可以和其他的新兴技术一起，如人工智能、边缘计算、群智感知等，推动物联网在各种复杂场景下的使用。现阶段，物联网的决策有两种方式：云计算和边缘计算。

1. 云计算

云计算是通过后台由大量的集群通过使用虚拟机的方式，通过高速网络互联、组成大型的虚拟资源池，这些虚拟资源可以自主管理和配置。具有分布式存储和计算、高扩展性、高可用性、用户友好性等特征。云计算通过海量的存储和高性能的计算能力，能够提供较高质量的服务。云计算为物联网技术提供了计算服务，使得物联网用户不用了解云计算的具体机制，就可以获得需要的服务。云计算通过数据冗余的方式，保证了计算的可靠性。

2. 边缘计算

云计算虽然为大数据的处理提供了高效的计算平台,但是受限于网络带宽,云计算在物联网的使用场景下有带宽和延迟的两个瓶颈。边缘计算中的边缘指得是网络边缘上的存储和计算资源,边缘计算利用这些资源为用户提供计算服务。边缘计算可以极大的缓解网络带宽和数据中心的压力,也能够增强服务的响应能力,保证服务的低延时、高可靠。另外,边缘计算也能够保护隐私数据,提高数据的安全性。

1.5.11 物联网信息安全和隐私保护

1. 网络信息安全

网络信息安全的一般性指标包括可靠性、实用性、保密性、完整性、不可抵赖性和可控性。

可靠性是指系统能够在规定的条件下和规定的时间内完成规定功能的特性。可靠性主要有三种测度标准:抗毁性、生存性和有效性。可用性是指系统服务可以被授权的实体访问并按需求使用的特性。可用性是系统面向用户的安全性,要求系统服务在需要的时候可以允许授权实体使用。保密性是指信息智能被授权用户使用,不被泄露的特性。常用的保密技术包括防帧收、防辐射、信息加密、物理保密等手段。完整性是指未经授权不能改变信息的特性。信息在存储或传输过程中不被偶然或者蓄意地删除、篡改、伪造、乱序等破坏和丢失的特性,要求保证信息的原样。不可抵赖性是指信息交互过程中所有参与者都不可能逗人或者抵赖曾经完成的操作和承诺的特性。可控性是对信息传播和内容的控制,在物联网中表现为对标签内容的访问必须具有可控性。

2. 个人隐私安全

当今社会,无论是公众人物还是普通人物,由于网络的普遍使用,个人数据越来越容易被采集和传播,所以面临着更大的隐私泄漏的风险。尊重个人的隐私是社会的共识和共同需求。物联网场景下的隐私保护十分重要,因为不正当的使用物联网中的个人数据,势必会造成个人隐私的泄露、篡改和滥用,采取合适的隐私保护技术,是推动物联网适用更多场景、更大范围的必然选择。

3. 物联网安全

现在的许多物联网技术如 RFID 技术、定位技术等仍然面临着信息安全和隐私保护方面的挑战,那么在面临这些挑战的时候应该如何应对呢?

(1)实现可用性和安全性的统一。信息安全和隐私保护应该寻求可用性和安全性的平衡同意,不应该牺牲太多的可用性来换取安全。比如 RFID 标签的大规模应用得益于严格控制每个标签的成本,如果应用各种成熟的加密算法,那么由于成熟的加密算法所需要的复杂的运算,必然会大大提高标签的生产成本,所以实际中只能应用相对简单的加密算法。

(2)在应用中充分与其他各种新型技术结合,提高物联网技术的安全性和保护隐私的能力。比如生物识别技术、NFC 等新型技术都为物联网领域的信息安全和隐私保护提供了新的可能性。

（3）物联网不是法外之地，技术需要在法律的框架下使用才能实实在在地为人类的生活提供便利，不然技术很容易变成少部分人谋取暴利的手段，所以关于信息安全和隐私保护的相关法制法规也应该随着技术的发展进步不断地发展，以更好地适用物联网中所面临的挑战，推动物联网地发展。

1.6 物联网发展新趋势

1. 物联网安全将成为重中之重

随着越来越多的数据接入点被添加到物联网系统中,这导致网络扩展,数据增加,物联网网络和设备的黑客攻击也变得越来越普遍,从而使更多信息面临风险。物联网安全性的提高将促进物联网的广泛使用,因此需要更加关注物联网安全。安全策略现代化的一种方法是使用人工智能(AI)使威胁响应流程自动化。这也将减少认为缺乏的安全团队的工作。

随着网络安全风险越来越大,物联网设备和系统的开发人员需要从一开始就重视它。最佳安全实践需要集成到物联网开发、发布后维护和整体业务战略中,以防止风险和潜在的数据泄露。

2. 智慧城市的兴起

在未来几年,市政级物联网将致力于解决一些高度优先的城市问题,例如交通拥堵、安全问题等。根据《智慧城市世界》的报道,一些已经采用物联网的 5 个重点领域是:微交通、城市模拟、弹性城市、循环城市以及智慧城市空间。随着城市人口的增加,将专注于改善交通管理,减少污染并缓解道路拥堵,提高生活质量。

总体而言,城市层面的技术投资将持续增长。随着 5G 将简化实时数据传输,城市中的物联网开发将变得更加普遍。

3. 大数据和人工智能

随着数十亿消费者和工业物联网设备的连接,需要处理和分析的数据量将大大增加。目的是从收集的数据中提取尽可能多的信息,以便进行处理。

处理如此大量的数据需要大数据和人工智能方法。在过去的几年中,这两个行业的发展都异常出色。结合大数据和人工智能,将使这些海量数据产生最大的价值,为决策提供帮助,提高竞争力。

4. 医疗保健领域中的应用

医疗保健领域中的物联网设备将会进一步扩展,医疗物联网有潜力以 26.2% 的复合年增长率增长。医疗保健领域广泛采用物联网的两个主要原因是:

便携式设备、医疗设备和传感器、健康监视器以及其他各种医疗设备都可以与 IoT 连接。此外,虚拟助手和移动医疗应用程序还使医疗专业人员和家庭可以在家中监视患者的健康。智能汽车可以在患者出行时观察患者的生命体征。有安全的追踪应用程式,可让家人追踪亲人。外科手术机器人和可穿戴设备仍然是物联网在医学领域的顶级应用。

5. 使用区块链的去中心化应用

区块链技术使得物联网去中心化的征信和交易成为可能。区块链技术主要体现在不可更改的"记账"类应用,比如记录金融交易、记录物权资产归属等。

由于数十亿台设备跃上 IoT 潮流,因此用户可能容易受到网络安全的威胁。由于信任和安全是不可或缺的问题,因此区块链对于保护数据至关重要。智能合约使物联网连接的设备可以通过区块链安全运行。

6. 边缘计算赋能物联网

与云计算不同,边缘计算是指在数据源附近执行数据处理活动。借助于边缘计算可以提升物联网的智能化,促使物联网在各个垂直行业落地生根。边缘计算在物联网中应用的领域非常广泛,特别适合具有低时延、高带宽、高可靠、海量连接、异构汇聚和本地安全隐私保护等特殊业务要求的应用场景。

边缘计算应用于物联网可加快系统响应时间、防止流量过载、降低网络安全风险和启用最新数据分析。

1.7 本章习题

1.7.1 单选题

1. 物联网(Internet of Things)这个概念最先是由_____最早提出的。
   A. 董浩　　　　　　　　　　　　　　　B. 比尔·盖茨
   C. 美国 Auto-ID 中心　　　　　　　　　D. IBM
2. _____不是物联网的特点。
   A. 各种感知技术的广泛应用　　　　　　B. 建立在互联网上的泛在网络
   C. 应用服务链条化　　　　　　　　　　D. 实现物体之间的物理关联
3. 无线网与物联网的区别是_____。
   A. 从范围来看，无线网是属于物联网应用层
   B. 无线通信技术是物联网包含的应用技术之一
   C. 无线网就是物联网
   D. 无线网有感知功能，物联网没有
4. 关于物联网，描述错误的是_____。
   A. 物联网的核心在于物与物之间广泛而普遍的互联
   B. 现阶段对物联网的定义尚没有统一说法
   C. 物联网只能基于 TCP/IP 网络运行
   D. 物联网是无处不在的
5. 关于 NB-IoT，描述错误的是_____。
   A. NB-IoT 中的"NB"是指窄带
   B. NB-IoT 网络可直接部署于 GSM 网络、UMTS 网络或 LTE 网络
   C. NB-IoT 模式是最耗电模式
   D. NB-IoT 具备广覆盖特点
6. RFID 系统由五个组件，包括传送器、接收器、微处理器、_____和标签。
   A. 天线　　　　　B. 无线网　　　　　C. 地址标识　　　　　D. 解调器
7. 目前广泛被接受的物联网架构是分为三个层次，自下而上依次是感知层、_____和应用层。
   A. 物理层　　　　B. 网络层　　　　　C. 数据链路层　　　　D. 传输层
8. 感知层的关键技术是_____。
   A. 传感器技术和短距离无线通讯技术　　B. 通信技术和终端技术
   C. 基于软件的各种数据处理技术　　　　D. 云计算技术
9. 不属于感知层关键技术的是_____。
   A. 二维码技术　　B. RFID 技术　　　　C. 物联网中间件　　　D. 无线接入技术

10. 网络层的主要功能是_____。
    A. 信息的采集、转换、收集   B. 信息传输和处理
    C. 数据的管理   D. 数据封装
11. _____不属于物联网的网络层的主要技术。
    A. 互联网技术   B. 移动通信技术
    C. 传感器网络技术   D. 数据挖掘技术
12. 在云计算的服务类型中,基础架构即服务是指_____。
    A. IaaS   B. PaaS   C. SaaS   D. QaaS
13. 一般可以将使用_____系列协议的局域网称为Wi-Fi。
    A. IEEE802.11   B. IEEE802.12   C. IEEE802.13   D. IEEE802.14
14. ZigBee是在_____标准基础上建立的。
    A. IEEE802.11.4 B. IEEE802.15.4 C. IEEE802.12.4 D. IEEE802.16.4
15. 在环境监测系统中一般不常用到的传感器类型有_____采集数据。
    A. 温度传感器   B. 湿度传感器   C. 照度传感器   D. 速度传感器
16. 物联网的技术特征主要包括有全面感知、可靠传递和_____。
    A. 智能通讯   B. 人工智能   C. 智能处理   D. 智能传感
17. _____智慧农业的应用,是基于物联网的智能控制管理系统,主要包括水质监测、环境监测、视频监测、远程控制、短信通知等功能。
    A. 智能温室   B. 水产养殖环境监控
    C. 智能化培育控制   D. 节水灌溉
18. 无线传感器网络(Wireless Sensor Networks,WSN)是一种传感网络,它通过_____方式组网,可以感知和检查外部世界的传感器。
    A. 总线式   B. 环式   C. 分布式   D. 星式
19. 不属于近程通信技术标准的是_____。
    A. NFC   B. ZigBee   C. LoRa   D. BlueTooth
20. _____不是物联网网关的应用场景。
    A. 智能家居   B. 智慧医疗   C. 计算机网络   D. 自动驾驶

1.7.2 填空题

1. 云计算为整个计算机行业提供了三个层次的基础服务:基础设施服务、_____服务和软件服务。
2. 在三层结构的物联网中,_____层的关键技术是基于软件的各种数据处理技术,如云计算技术、数据融合与智能技术、中间件技术。
3. 工业界经常将RFID系统分为:阅读器、_____和标签三大组件。
4. Zigbee是一种低功耗、低数据速率、近距离自组织_____网络。
5. NB-IoT具有低功耗性能,NB-IoT终端模块的待机时间最长可达_____年。

本 章 小 结

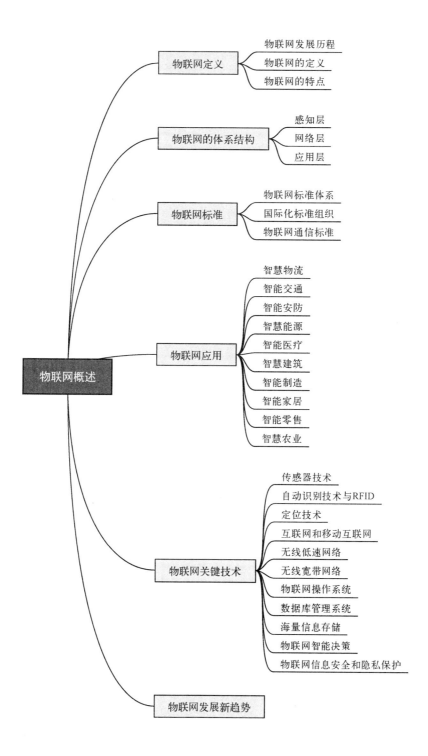

PART 02

第 2 章　物联网模拟仿真软件

<本章概要>

本章介绍 Cisco Packet Tracer 模拟仿真软件的基本使用,并以物联网智能农业为例进行模拟仿真搭建,内容包括:
- 软件的基本安装;
- 物联网配件的基本选型;
- 物联网原理模型搭建的基本方法。

<学习目标>

完成本章学习后,要求掌握如表 2-1 所示的内容。

表 2-1　知识能力表

本单元的要求	知　　识	能　　力
各类物联网设备	了解	
物联网通信协议	了解	
Cisco Packet Tracer 软件的基本使用		比较熟练
物联网模拟仿真环境的搭建		比较熟练

2.1 Cisco Packet Tracer 模拟仿真软件介绍

Cisco Packet Tracer 是由 Cisco 公司发布的一款辅助学习工具,通过软件的使用,为学生学习思科网络学院课程提供便利,也为初学者利用该软件进行网络设计、交换机及路由器配置、网络故障排除等操作,提供了一个非常好的模拟仿真平台。学生可以通过在软件界面中使用直接拖曳的方式搭建网络拓扑,并能根据提供的在网络中运行的详细处理过程的数据包,模拟仿真网络数据实时的运行情况。学生可以通过对各类设备的配置,熟练的掌握相关配置命令,并能对相关网络故障排除有所了解和掌握。

基于模拟仿真技术,Cisco Packet Tracer 软件在网络配置方面的应用非常广泛,早期的版本主要用于辅助学生考取思科的 CCNA、CCNP 证书,但随着物联网技术的不断发展,最新版本的 Cisco Packet Tracer 软件也开始在物联网模拟仿真领域有所尝试,本章中就以 Cisco Packet Tracer 7.2.2 版本为例,进行相关的介绍。

2.1.1 Cisco Packet Tracer 的基本使用

1. Cisco Packet Tracer 的安装

(1) 首先双击安装源,使用的版本是 Cisco Packet Tracer 7.2.2,单击 I accept the agreement 同意接受条款,单击 Next 继续,如图 2-1-1 所示。

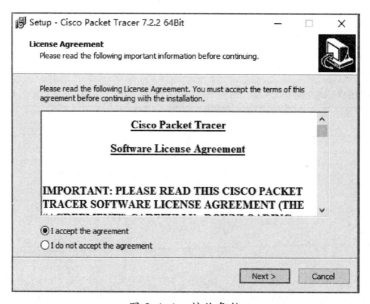

图 2-1-1 接收条款

（2）选择安装路径，默认路径为 C:\Program Files\Cisco Packet Tracer 7.2.2，如果不想修改可以单击 Next 继续，如图 2-1-2 所示。

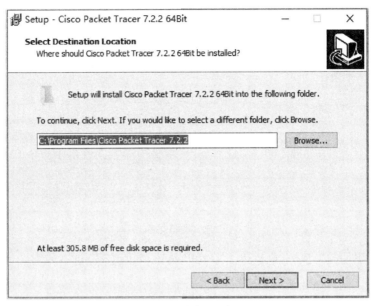

图 2-1-2　选择安装路径

（3）选择项目开始的文件夹，使用默认设置即可，单击 Next 继续，如图 2-1-3 所示。

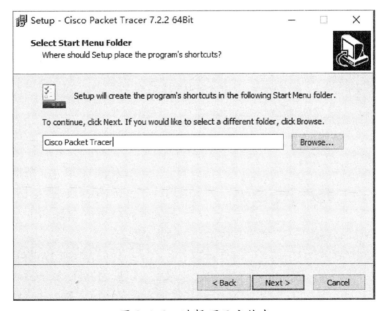

图 2-1-3　选择项目文件夹

（4）设置软件快捷方式，默认选择了添加桌面快捷方式 Create a desktop shortcut，也可以勾选创建启动快捷方式 Create a Quick Launch shortcut，单击 Next 继续，如图 2-1-4 所示。

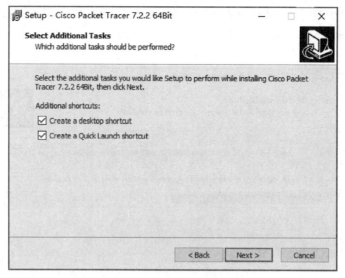

图 2-1-4　快捷方式设置

（5）安装选项设置完成后，可以单击 Install 按钮，开始安装软件，如图 2-1-5 所示。

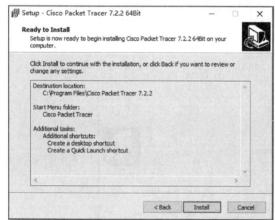 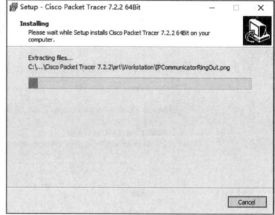

图 2-1-5　开始安装

图 2-1-6　完成安装

（6）安装完成后，系统会提示，单击 Finish 按钮，结束安装，如图 2-1-6 所示，安装完成后就可以在桌面上看到创建好的快捷方式。

（7）双击 Cisco Packet Tracer 快捷方式就可以启动软件，软件启动界面如图 2-1-7 所示。从 Cisco Packet Tracer 7.0 版本开始，用户需要拥有 Cisco 网络学院的账号才能登录使用，如果没有账号，就只能使用来宾 Guest 账号进行登录，但使用来宾账户进行登录的话，只允许保存三次。软件主界面如图 2-1-8 所示，包括菜单栏、主工具栏、常用工具栏、主工作区、设备类型选择框、特定设备选择框、逻辑和物理工作空间切换、实时和模拟切换等功能模块。

图 2-1-7　启动界面

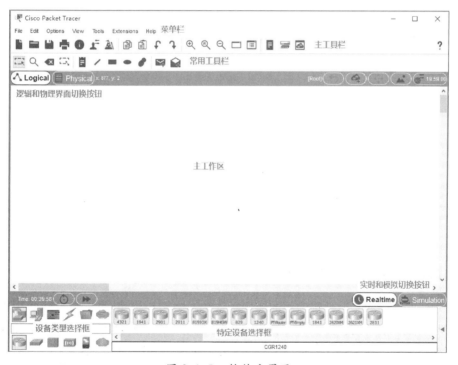

图 2-1-8　软件主界面

（8）Cisco Packet Tracer 通过加载不同的语言包，可以将默认的英文界面切换成中文界面。首先通过网络下载中文语言包，将该文件复制到 Cisco Packet Tracer 软件安装目录下对应的语言目录，例如 C:\Program Files\Cisco Packet Tracer 7.2.2\languages，然后启动软件。

（9）选择 Options 菜单，选择 Preferences 选项，在弹出的对话框中，选择 Interface 选项卡，选择 Select Language，在其中选择中文语言包，单击右下角的 Change Language 进行语言包的切换，如图 2-1-9 所示，但由于语言包汉化的精确性问题，汉化后软件可能会出现中文和英文并存的界面，因此本教材中还是以默认的英文界面介绍为主，不进行相应的汉化操作。

图 2-1-9　切换语言包

2. Cisco Packet Tracer 的使用

Cisco Packet Tracer 软件最常用的应用场景是网络拓扑搭建，虽然在最新的版本中提供了对于物联网相关设备的模拟仿真，但物联网的基础还是互联网，离不开互联网的相关配置和仿真。因此在本节中对于软件的基本网络配置进行简要的介绍，主要包括两个基本实验，一是交换机的基本配置，主要完成 VLAN 的相关配置；二是路由器的配置包括端口配置、DHCP 服务配置等。

（1）交换机基本配置。

根据拓扑图 2-1-10 所示，完成网络环境的搭建，其中 Switch0 和 Switch1 之间使用 24 号端口进行级联操作，并根据表 2-1-1 所示，完成计算机的 IP 地址的配置。

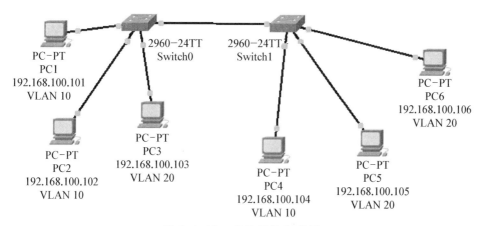

图 2-1-10　实验网络拓扑图

表 2-1-1　计算机配置信息

电脑名	IP 地址	子网掩码	端　口　号	所属 VLAN
PC1	192.168.100.101	255.255.255.0	Switch0 交换机 1 号端口	VLAN 10
PC2	192.168.100.102	255.255.255.0	Switch0 交换机 3 号端口	VLAN 10
PC3	192.168.100.103	255.255.255.0	Switch0 交换机 5 号端口	VLAN 20
PC4	192.168.100.104	255.255.255.0	Switch1 交换机 2 号端口	VLAN 10
PC5	192.168.100.105	255.255.255.0	Switch1 交换机 4 号端口	VLAN 20
PC6	192.168.100.106	255.255.255.0	Switch1 交换机 6 号端口	VLAN 20

① 首先对 Switch0 进行配置，创建 VLAN 10 和 VLAN 20，将端口 1 和端口 3 划分到 VLAN 10 中，将端口 5 划分到 VLAN 20，保存相关配置。在计算机的命令提示符中使用 Ping 命令测试"相同 VLAN 之间的可以相互访问，而不同 VLAN 之间数据不能访问"的正确性，具体操作命令行如下：

创建 VLAN 10 和 VLAN 20：

```
Switch>enable        //从用户模式切换到特权模式
Switch#configure terminal    //从特权模式切换到全局模式
Enter configuration commands, one per line.  End with CNTL/Z.
Switch(config)#vlan 10       //创建 VLAN 10
Switch(config-vlan)#name test1   //修改名称
Switch(config-vlan)#exit     //退出
Switch(config)#vlan 20       //创建 VLAN 20
Switch(config-vlan)#name test2   //修改名称
Switch(config-vlan)#exit
Switch(config)#exit
Switch#
```

将端口 1 和端口 3 划分到 VLAN 10 中，将端口 5 划分到 VLAN 20，保存相关配置：

```
Switch(config)#interface fastEthernet 0/1        //切换到接口配置模式
Switch(config-if)#switchport mode access         //设置端口模式
Switch(config-if)#switchport access vlan 10      //将端口添加到VLAN 10
Switch(config-if)#exit
Switch(config)#interface fastEthernet 0/3        //切换到接口配置模式
Switch(config-if)#switchport mode access         //设置端口模式
Switch(config-if)#switchport access vlan 10      //将端口添加到VLAN 10
Switch(config-if)#exit
Switch(config)#interface fastEthernet 0/5        //切换到接口配置模式
Switch(config-if)#switchport mode access         //设置端口模式
Switch(config-if)#switchport access vlan 20      //将端口添加到VLAN 10
Switch(config-if)#exit
Switch(config)#exit
Switch#
```

使用PC1的命令提示符窗口进行Ping命令测试,如图2-1-11所示,验证了同一台交换机中相同VLAN之间可以实现数据访问,不同VLAN之间无法进行数据访问。

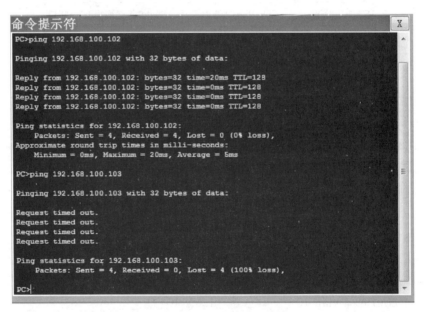

图2-1-11 连通性测试

② 使用同样的配置方法,在Switch1交换机中创建VLAN 10和VLAN 20,并将端口2划分给VLAN 10,将端口4、6划分给VLAN 20,实现同一台交换机内部的相同VLAN之间访问,不同VLAN之间的数据隔绝。

③ 为了能实现跨交换机之间的相同VLAN访问,需要将级联端口模式设置成为Trunk模式,该模式的交换机端口是相连的VLAN汇聚口,可以实现VLAN信息的共享,实现多个VLAN的数据通信。

配置交换机级联端口模式为Trunk模式:

Switch>enable　　//从用户模式切换到特权模式
Switch#configure terminal　　//从特权模式切换到全局模式
Enter configuration commands, one per line.　End with CNTL/Z.
Switch(config)#interface fastEthernet 0/24　　//切换到接口配置模式
Switch(config-if)#switchport mode trunk　　//设置端口模式为Trunk模式
Switch(config-if)#no shutdown
Switch(config-if)#exit
Switch(config)#exit
Switch#
Switch#copy running-config startup-config　　//将运行配置保存到启动配置文件中
Destination filename [startup-config]? startup-config
Building configuration...
[OK]
Switch#

④ 交换机级联端口模式都配置成 Trunk 模式后,就可以尝试使用命令提示符窗口进行 Ping 命令测试了。通过验证表明,通过设置后,实现了跨交换机的相同 VLAN 之间的访问,测试结果如图 2-1-12 所示,使用 Ping 命令实现了 PC3 和 PC5、PC6 之间的联通测试。

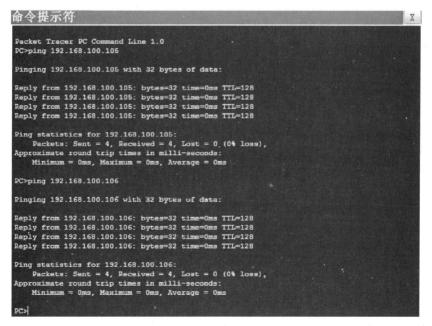

图 2-1-12　跨交换机 VLAN 联通测试

(2) 路由器基本配置。

① 首先在软件界面左下角的设备类型选择区域,选择对应的交换机、路由器、PC 终端、连接线,拖曳到主工作区,准备搭建网络拓扑结构,设备选型如图 2-1-13 所示。

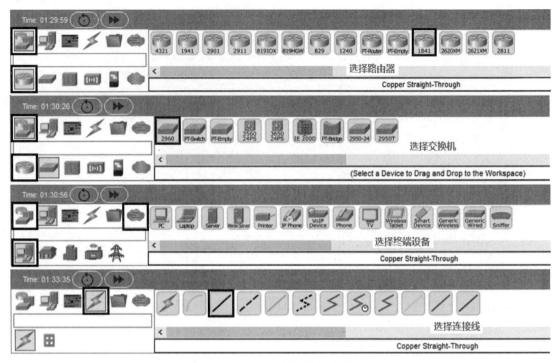

图 2-1-13　选择设备连线

② 设备型号选择完成后，按照如图 2-1-14 所示的拓扑图进行网络架构的搭建，主要通过在路由器中配置 DHCP 服务来实现 IP 地址的自动分配。DHCP 被称为是动态主机配置协议，主要作用是集中管理、分配 IP 地址，使得网络环境中的主机动态地获得 IP 地址、网关地址、DNS 服务器地址等信息，并且通过使用该服务可以提升 IP 地址的利用率。

③ 具体的设置步骤包括配置路由器端口 IP、创建地址池、分配地址池范围、分配网关、分配 DNS、设置客户端连接等，以下就进行具体的说明。

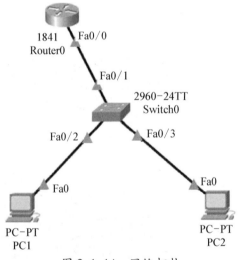

图 2-1-14　网络拓扑

④ 配置路由器端口 IP 地址，具体命令如下：

　　Router>enable　　　//从用户模式切换到特权模式

　　Router#configure terminal　　　//从特权模式切换到全局模式
　　Enter configuration commands, one per line. End with CNTL/Z.
　　Router(config)#interface fastEthernet 0/0　　//切换到接口配置模式
　　Router(config-if)#ip address 192.168.1.1　255.255.255.0　　　//配置 IP 地址
　　Router(config-if)#no shutdown
　　Router(config-if)#exit
　　Router(config)#exit
　　Router#show running-config

⑤ 配置 DHCP 服务，具体命令如下：

Router# configure terminal   //从特权模式切换到全局模式
Enter configuration commands, one per line. End with CNTL/Z.
Router(config)# ip dhcp pool test   //创建地址池
Router(dhcp-config)# network 192.168.1.0 255.255.255.0   //分配地址池的范围
Router(dhcp-config)# default-router 192.168.1.1   //设置网关
Router(dhcp-config)# dns-server 192.168.1.2   //分配 DNS 地址
Router(dhcp-config)# exit
Router(config)# ip dhcp excluded-address 192.168.1.1 192.168.1.10   //指定这 10 个地址不被 DHCP 分配
Router(config)# exit
Router# show running-config
!
ip dhcp excluded-address 192.168.1.1 192.168.1.10
!
ip dhcp pool test
network 192.168.1.0 255.255.255.0
default-router 192.168.1.1
dns-server 192.168.1.2
!
Router# copy running-config startup-config   //将运行配置保存到启动配置文件中
Destination filename [startup-config]? startup-config
Building configuration...
[OK]

⑥ 单击客户端，在 Config 选项中，设置 IP 地址的获取方式为 DHCP，设置完成后，就可以发现客户端已经通过 DHCP 服务分配到了 IP 地址，如图 2-1-15 所示，客户端分配到的 IP

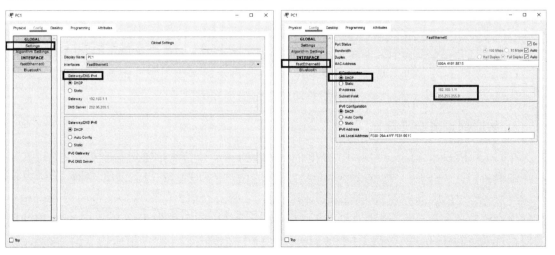

图 2-1-15　客户端设置

物联网技术及应用

地址就是 192.168.1.11。用户也可以通过命令提示窗口进行查看客户端 IP 地址，从而验证 DHCP 是否正常工作，如图 2-1-16 所示。

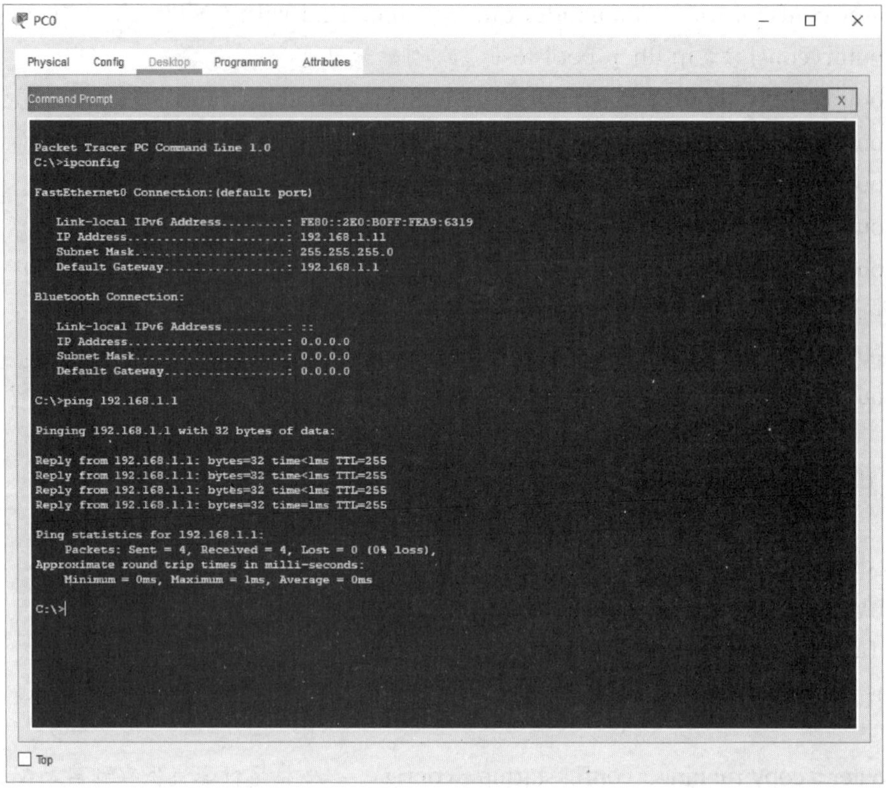

图 2-1-16 客户端测试

2.1.2 Cisco Packet Tracer 物联网基本功能介绍

随着物联网技术的兴起，物联网技术在各种领域中得到使用，涌现出越来越多的物联网应用，例如智能家居、智能农业、智能医疗、智能物流、智能交通等。在进行大规模应用前，需要对实际应用进行相应的原型开发，通过模拟仿真技术来验证相关设想的可能性，以及相关设计的最终效果，目前有很多公司都在开发相关的模拟仿真软件，Cisco Packet Tracer 软件就是其中一款，这款软件依托前期成熟的网络模拟仿真经验，在物联网模拟方面也有独特的见解和特色，以下就进行具体的介绍。首先，对相关功能进行初步介绍。

1. 物联网设备类型选择

在 Cisco Packet Tracer 软件中，涉及到物联网的相关设备类型主要包括两个部分，其一是终端设备，其二是器件。终端设备中包括家、智能城市、智能工业、电力网络，如图 2-1-17 所示；器件包括有主板、执行机构、传感器，如图 2-1-18 所示。用户可以通过拖曳的方式将相关配件拖曳到主工作区，进行拓扑的连接。此外，由于器件之间需要使用线缆进行连接，因此还需要选择适合的线缆，在 Cisco Packet Tracer 软件中也提供了一类专用的物联网连接线缆，选择连接线，然后选择物联网定制线缆即可，如图 2-1-19 所示。

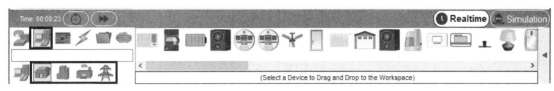

图 2-1-17　终端设备

图 2-1-18　器件设备

图 2-1-19　连接线选择

2. 物联网应用场景

为了能使物联网仿真更有场景感，Cisco Packet Tracer 软件在整体设计上，还允许用户添加实体背景图。用户可以在主工作区右上方，选择设置背景图片，或者使用 shift+I 键来开启背景图片设置功能，如图 2-1-20 所示。打开背景图片设置窗体后，可以游览选择所需要的背

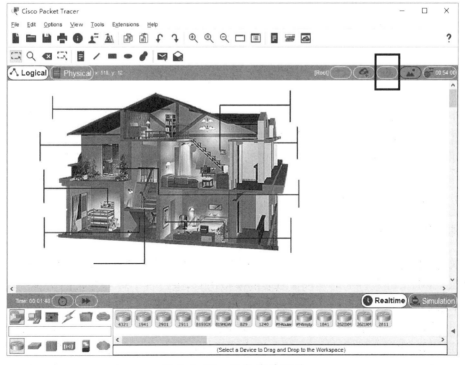

图 2-1-20　设备背景图片

景图片,可以选择使用原始图像或者显示平铺背景图像,并单击 Apply 进行添加,如图 2-1-21 所示,用户可以按照背景图的结构在特定位置添加物联网元器件,添加智能家居系统的背景图,从而使模拟仿真更加的真实。

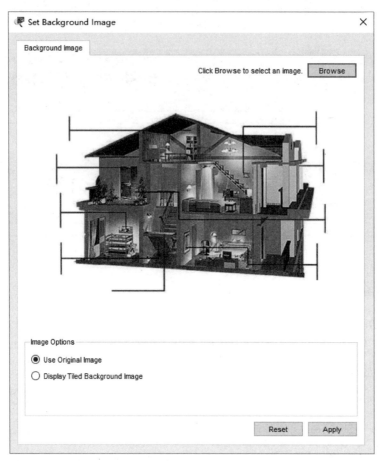

图 2-1-21 设备背景图片

此外,为了能使物联网的应用范围更加广泛,软件还允许设置相应的场景模式,例如设置城际场景、主城市场景、公司办公室场景、主机房场景等,通过这样的设置可以扩大物联网的应用领域,保证模拟仿真的真实性。当然,相应的场景也可以通过定制的方式来设置大小和背景图片,具体操作步骤是首先单击主工作区左上角的物理按钮,切换到真实物理场景后,再单击导航面板,并选择对应的物理位置进行跳转切换,如图 2-1-22 所示。

3. 物联网模拟环境变量

物联网可以分为三层,其中最底层的是感知层。对于真实世界的感知是物联网的根基,Cisco Packet Tracer 软件为能实现最真实的模拟仿真,也设置了环境变量的仿真。具体操作步骤是单击主工作区右上角的环境参数按钮,如图 2-1-23 所示,打开对应的对话框,在其中可以对不同应用场景下的不同参数变量进行设置,包括环境温度、湿度、二氧化碳值、阳光、氧气、可见光、风速等,通过曲线图的方式,可以设置不同时间节点时对应的不同参数值,例如设置午夜 0 点的温度为 6 度、早晨 7 点的温度为 15 度、中午 12 点的温度为 30 度、下午 16 点的温度

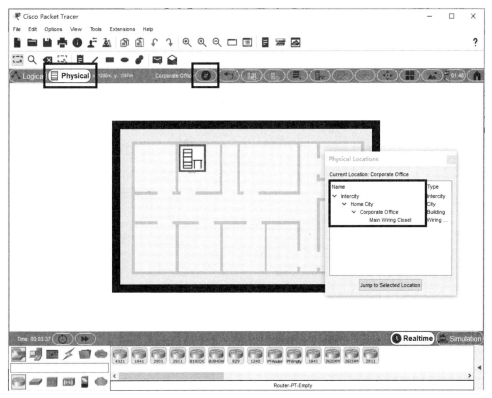

图 2-1-22 物理位置选择

为 25 度,晚上 8 点的温度为 16 度,依次类推就可以较好的模拟出相应的环境变量因素,从而保证软件模拟仿真的真实效果。此外软件还可以进行模拟时间尺度的设置,把相关模拟仿真尽快的展现在用户面前,例如设置 1 秒钟等于现实中的 60 分钟,这样只需要 24 秒就是完成一天 24 小时的完整仿真过程,如图 2-1-24 所示。如果用户还想对环境变量进行更进一步的设置,还可以打开高级设置界面对相关变量进行进一步的设置,操作界面如图 2-1-25 所示。

图 2-1-23 环境参数按钮

4. 物联网器件详解

Cisco Packet Tracer 软件中对每个器件都进行了详细的设计,下面以两款器件为例进行相关说明,其一是终端设备下"家"模块中的窗(Windows),其二是器件中的主板(MCU Board),如图 2-1-26 所示。通过这两款器件的介绍,可以基本了解每个器件的基本配置内容和重点。

在终端设备的"家"模式下,可以选择大部分家庭中使用到的电器,包括空调、蓝牙音箱、炉子、电扇、门、加湿器、台灯、移动探测器、网络摄像头、测风仪、窗、太阳能电池板等,相关图标如图 2-1-27 所示。

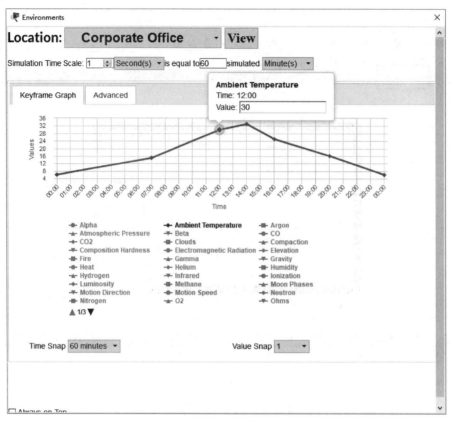

图 2-1-24　环境参数设置

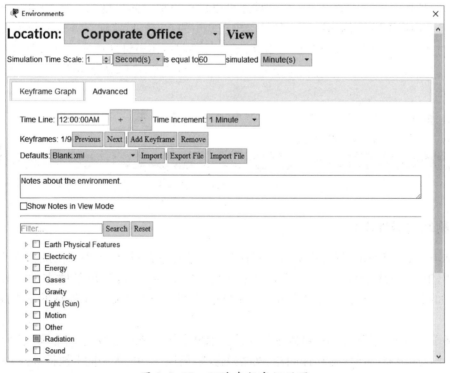

图 2-1-25　环境参数高级设置

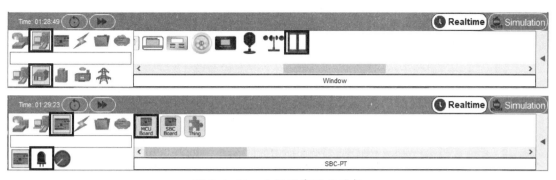

图 2-1-26　主板及窗器件选择

图 2-1-27　智能家居设备

首先将窗拖曳到主工作区,并单击,打开器件的详细配置窗体,在默认的对话框中包括有 Specifications(说明)、Physical(物理)、Config(配置)和 Attributes(属性),用户可以单击该窗体右下角的 Advanced(高级)展示更加多的配置功能,增加的功能包括 I/O Config(I/O 口配置)、Thing Editor(物品编辑)和 Programming(程序设计),界面如图 2-1-28 所示。以下对部分功能进行详细介绍说明。

(1) 在 Specifications(说明)界面主要介绍了该设备的相关基本功能,包括功能基本介绍、特征、用法、直接控制方法、本地控制方法、远程控制方法、数据格式、案例等,例如在"窗"这个设备中,就说明可以打开或关闭窗户,如果直接控制则可以使用<ALT>+鼠标单击,可以控制窗户的开启和关闭;如果使用连接本地 MCU/SBC/Thing 主板,可以使用 customWrite 函数进行控制;如果使用远程控制,可以将设备连接到注册服务器进行控制,"窗"这个设备的控制消息格式是当输入 0 时为关闭,当输入 1 时为打开。

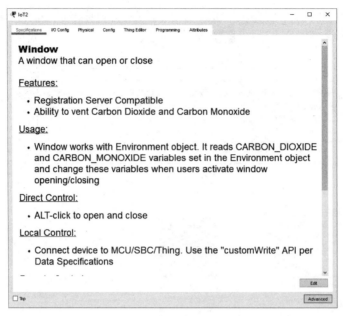

图 2-1-28　窗设备的配置界面

（2）I/O Config（I/O 口配置）该功能可以设置相关端口的信息。在物联网智能家居系统中，大量的设备均使用的是无线布放，因此需要为原有的设备添加无线连接接口，这在该选项卡就可以进行配置。在 Network Adapter（网络适配器）中，选择 PT-IOT-NM-1W 可以实现无线网络的连接。当智能家居中存在无线网关时，可以实现直接的无线网络连接，如图 2-1-29 所示。

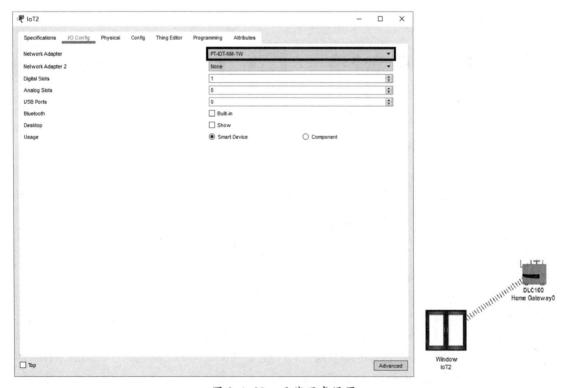

图 2-1-29　无线网卡设置

（3）Config（配置）可以设置显示名字、IP地址的获取方式、服务器等信息，例如设置显示名称为IoT，设置IP获取方式为DHCP，设置IoT Server为Home Gateway（家庭网关），如图2-1-30所示。

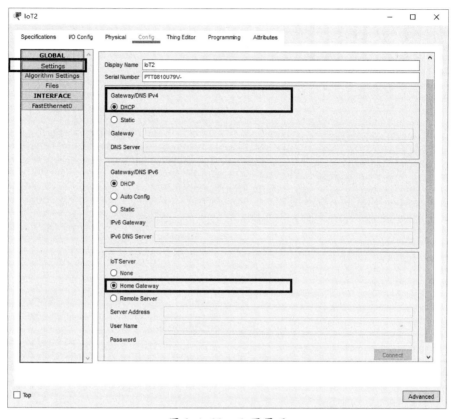

图 2-1-30 配置界面

（4）Thing Editor（物品编辑）可以为设备添加不同的状态，设置应用于数字引脚还是模拟引脚，如图 2-1-31 所示。

（5）Programming（程序设计）可以为设备添加相应的程序代码，目前软件支持的程序代码语言包括有JavaScript、Python，同时也支持Visual可视化的编程方式进行相关操作，界面如图 2-1-32 所示。

在器件选择区域中，包括主板、执行机构和传感器，而在主板中又可以分为MCU Board、SBC Board和Thing，其中MCU Board是基于Arduino进行设计的，SBC Board是基于树莓派进行设计的，Thing是用于用户定制设计的。MCU Board 配置内容包括Specifications（说明）、Physical（物理）、Config（配置）、Programming（程序设计）和Attributes（属性）。

使用MCU Board主板可以实现对设备的本地控制，例如当窗户被打开时同时开灯，当窗户被关闭时同时关灯，以下就具体说明如何进行相关操作。

首先以拖曳的方式将MCU Board主板、LED灯、窗拖曳到主工作区，并使用物联网定制线缆进行连接，如图2-1-33所示。

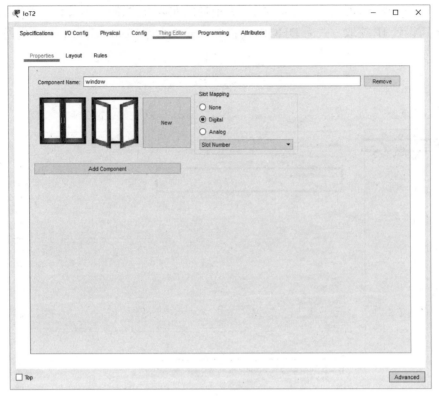

图 2-1-31　物品编辑界面

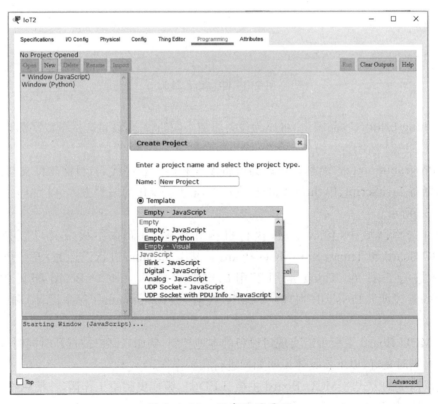

图 2-1-32　程序设置界面

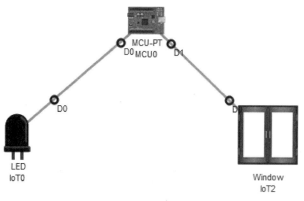

图 2-1-33　程序设置界面

分别单击 LED 灯和窗，查看相关说明内容，了解到 LED 的颜色为绿色，数据的输入范围是输入 0 到 1023。窗的状态有两种，打开或关闭，当状态为 0 时关闭，当状态为 1 时打开，可以使用 ALT 加单击的方式打开或者关闭窗户。如果希望实现本地控制，则使用 customWrite 函数进行控制。

单击 MCU Board 主板，选择 Programming（程序设计）选项卡，在其中选择 New，默认名称为 New Project，选择 Template（模板）中的 Blink-Visual（Blink 可视化模板），单击 Create（创建），如图 2-1-34 所示。创建完成后可以双击左侧的 main.visual，打开图形化界面模板，可以看到如图 2-1-35 所示，软件已经完成了初步模板创建，但模板中连接的接口是 D1 接口

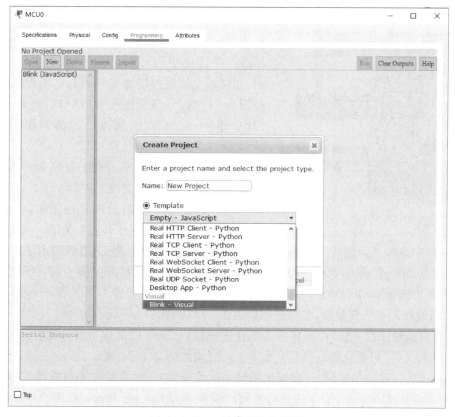

图 2-1-34　创建 Blink 模板

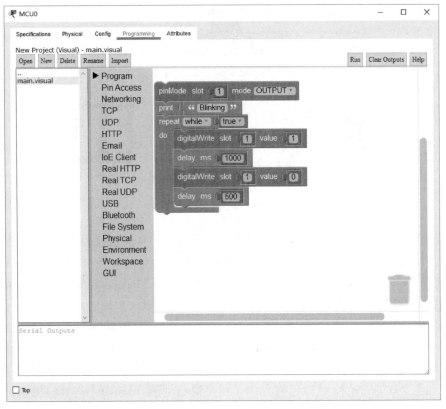

图 2-1-35 图形界面模板

图 2-1-36 修改接口

而本实验的拓扑图中连接的 D0 接口,因此需要进行修改。并且在使用 digitalWrite 函数进行电平输出时,同样需要修改接口为 D0 接口,并设置输出的电平范围为 0—1 023,从而能使 LED 灯在 1 秒的间隔过程中一闪一灭的变化,修改后的结果如图 2-1-36 所示。

修改完成后,可以单击右上方的 Run 按钮,在软件中可以看到 LED 灯会发生闪烁。

(6) 实现了 LED 灯的闪烁控制后,可以使用拖曳的方式实现窗户的同步开启和关闭。首先选择 Pin Access,在其中选择引脚模式设置函数 PinMode,将引脚 1 设置为 OUTPUT 模式,并按照窗户说明文字中的描述,使用 customWrite 函数实现对窗户进行打开关闭控制。同样选择 Pin Access,在其中选择 customWrite 函数将函数中的引脚同样设置成 1,并选择 Program 选项中的 Math,拖曳添加一个变量值,相关选择如图 2-1-37 所示。

(7) 所有函数添加完成,并且相关接口设置完成后,就可以实现当窗户被打开时开灯,当窗户被关闭时关灯,可视化编程结果及相关实际效果如图 2-1-38 所示。

(8) 上述相关功能的实现,并没有使用相关的编程语言,而是使用了最简单的 Blockly 功能。2012 年 6 月,Google 发布了完全可视化的编程语言 Google Blockly,用户可以通过搭建积木的方式构建应用程序,每个图形对象就是一个代码段,可以实现通过拼接,创造出一个个

第 2 章 物联网模拟仿真软件

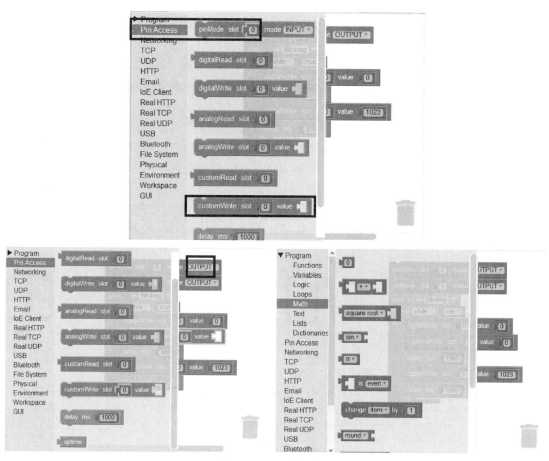

图 2-1-37 选择函数

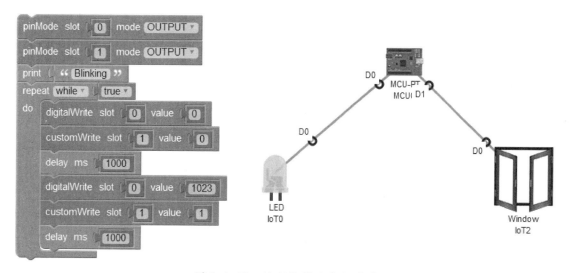

图 2-1-38 编程结果及实际效果

· 59 ·

的简单功能,并将简单的功能进行组合,形成一个复杂的程序功能。正因为使用非常的简单便捷,用户不一定要了解相关编程语言就可以实现功能,因此被广泛使用。Blockly 作为可视化编程解决方案,其优点首先是开源,Blockly 开放所有源代码,允许进行复制、修改等操作;其次是可扩展性和高可用性,可以添加自定义的块,扩展程序功能,可以实现较为复杂的编程任务。Blockly 具有很好的国际化应用,目前已经可以支持 40 余种的语言。Blockly 可以将块导出为代码,目前可以支持各种主流的语言,包括有 JavaScript、Python、PHP 等。使用 Blockly 可以实现非常多的复杂的程序功能,例如在上述简要控制的前提下,可以进一步进行相关设置,例如添加测风仪和风传感器,当感应到有风时,关闭窗户,打开灯,而当无风时,则打开窗户,关闭灯,效果图如图 2-1-39 所示,相关 Blockly 编程结果如图 2-1-40 所示。

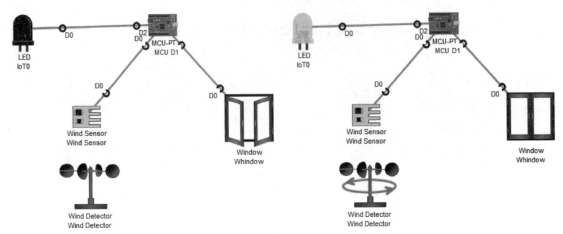

图 2-1-39　实际效果

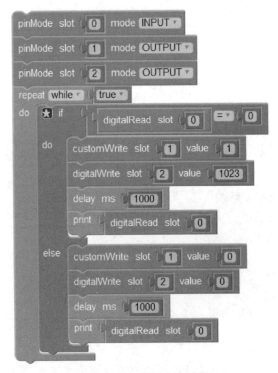

图 2-1-40　Blockly 编程

2.1.3 Cisco Packet Tracer 物联网智能家居系统模拟仿真

根据定义,智能家居是以住宅为平台,利用综合布线技术、网络通信技术、安全防范技术、自动控制技术、音视频技术将家居生活有关的设施集成,构建高效的住宅设施与家庭日程事务的管理系统,提升家居安全性、便利性、舒适性、艺术性,并实现环保节能的居住环境。智能家居系统的应用将会越来越广泛,也会越来越便捷,因此在实现智能家居实际施工前,一般都需要首先进行原型开发,此时就需要模拟仿真软件来实现相关的原型认证。本节以 Cisco Packet Tracer 为例,介绍智能家居系统的模拟仿真操作。

1. 智能家居功能设计

智能家居的应用有很多种,在本例中主要包括以下功能,所需设备如表 2-1-2 所示。
(1) 当门被打开时,自动打开台灯;
(2) 当打开窗户的同时,自动打开电扇进行通风操作;
(3) 设置恒温器为自动感应,当温度低于 10 度时自动打开火炉加热,当温度高于 20 度时自动打开空调降温;
(4) 当运动检测器检测到有人时,自动打开网络摄像头进行拍摄,并打开 LED 灯进行闪烁报警。

表 2-1-2　设备清单

设　备　名	功　　能	设　备　名	功　　能
家庭网关	控制整个系统	门	模拟家庭房门
电脑	访问网关	台灯	模拟室内台灯
路由器	DHCP 分配	运动检测器	模拟运动侦测
恒温器	恒定温度	摄像头	模拟监控摄像头
火炉	模拟家庭火炉	窗户	模拟家庭窗户
空调	模拟家庭空调	电扇	模拟家用电扇

2. 智能家居设备选择

在 Cisco Packet Tracer 软件中分别选择上述设备,选择位置如图 2-1-41、2-1-42、2-1-43、2-1-44 所示,案例完整拓扑图如图 2-1-45 所示。

图 2-1-41　选择路由器

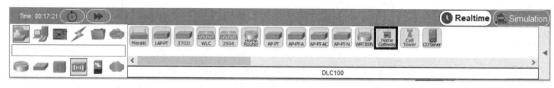

图 2-1-42　选择家庭无线网关

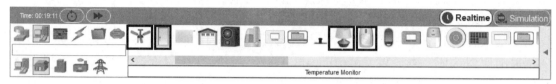

图 2-1-42　选择模拟家庭电器

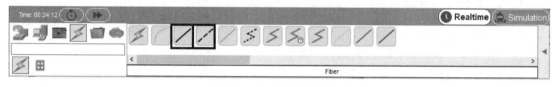

图 2-1-44　连接线缆选择

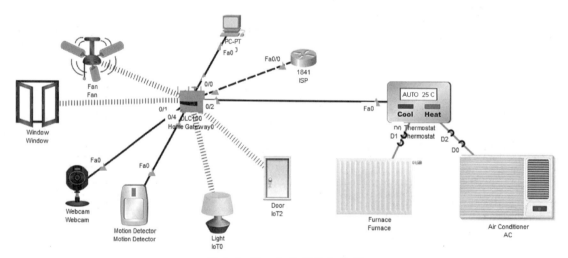

图 2-1-45　智能家居拓扑图

3. 具体实现过程

（1）按照拓扑图完成设备选型后，首先要进行设备的连接，一般连接方式有两种，一是有线连接，二是无线连接。在本案例中，电脑终端、恒温器、运动检测器、摄像头、路由器使用的是有线连接，而其他的设备，例如台灯、门、窗户、电扇则使用了无线连接。注意，无线连接只需要在高级选项中，选择 I/O Config 选项，然后在 Network Adapter（网络适配器）中，选择 PT-IOT-NM-1W 接口，如图 2-1-46 所示。有线连接直接选择线缆进行连接即可，但请注意家庭网关的端口分配情况。

（2）设备连接完成后，首先需要配置路由器，进行 DHCP 服务的配置。在之前章节中已经进行了 DHCP 服务配置的介绍，在此就不再赘述，结果如图 2-1-47 所示。

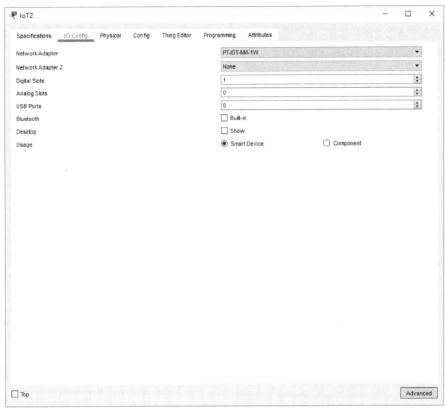

图 2-1-46　无线设置

图 2-1-47　DHCP 服务配置

（3）DHCP 服务配置完成后，需要对各个设备进行 IP 获取方式设置。单击对应设备，选择 Config，选择 Wireless0，在其中选择 IPV4 和 IPV6 的获取方式均为 DHCP，并选择 IoT Server 的位置为 Home Gateway，如图 2-1-48 所示，分别是窗和台灯的设置界面。

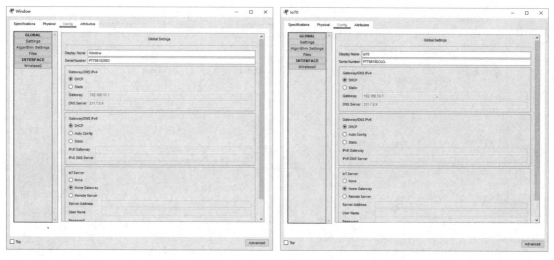

图 2-1-48　IP 获取方式设置

（4）单击打开 Home Gateway 配置界面，在其中 Config，查看 LAN 中的 IP 地址分配情况。本例中 IP 地址为 192.168.10.1，子网掩码为 255.255.255.0，并选择 GUI 界面，查看对应的文件名，如 index.php，如图 2-1-49 所示。

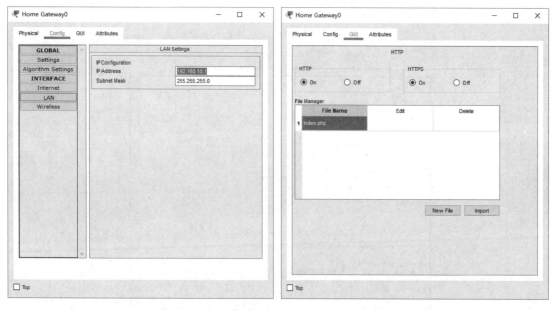

图 2-1-49　查看 Home Gateway 基本设置

（5）了解 Home Gateway 的基本信息后，就可以单击打开 PC 电脑，在其中选择浏览器，并在浏览器的地址栏中输入 192.168.10.1，登录到 Home Gateway，用户名和密码默认均为 admin，如图 2-1-50 所示。

第 2 章 物联网模拟仿真软件

图 2-1-50　连接网关

(6) 进入网关页面后，可以查看到所有目前连接到网关中的设备信息，如图 2-1-51 所示，用户可以通过单击相关设备对设备进行单项的控制。

图 2-1-51　单一设备控制

(7) 选择网页右上方的菜单栏，选择其中的 Conditions，就可以根据实际的需求来设置相关的场景条件。本例简单设置 4 个基础的场景，具体包括如下：

① 当门被打开时，自动开启台灯，当门被关闭时，自动关闭台灯；
② 当窗子被打开时，自动开启风扇进行通风操作，当窗子被关闭时，自动关闭风扇；
③ 当恒温器温度大于 20 度时自动打开窗子；
④ 当运动检测器检测到有人时，网络摄像头自动开启；

具体步骤如下：

① 选择 Add 添加，设置条件名称为 test1，选择当 IoT2（门）的 Open（打开）状态为 true（真）时，自动将 IoT0（台灯）的状态设置为 On（开启），同样还需要设置一个当门的状态为关闭

时自动关闭台灯的规则,如图 2-1-52 所示。

② 选择 Add 添加,设置条件名称为 test2,选择当 Windows(窗子)的 On(开启)状态为 true(真)时,自动将 Fan(风扇)的状态设置为 High(高速),同样还需要设置一个当窗子的状态为关闭时自动关闭风扇的规则,如图 2-1-53 所示。

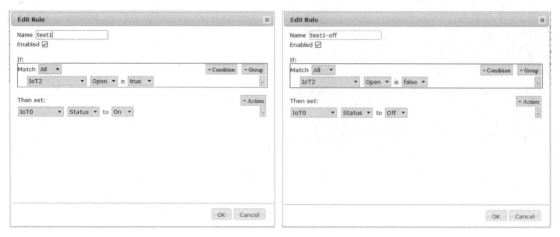

图 2-1-52　门和台灯的联动操作

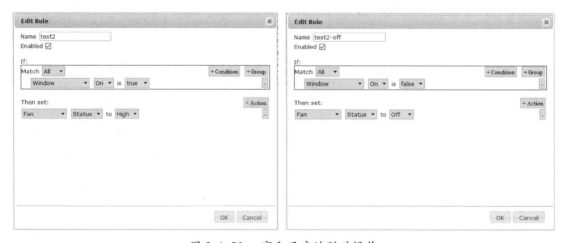

图 2-1-53　窗和风扇的联动操作

③ 选择 Add 添加,设置条件名称为 test3,设置 Thermostat 的温度大于 20 度的时候,就设置 Windows(窗子)的 On(开启)状态为 true(真),打开窗子,如图 2-1-54 所示,当然此条件的实现还需要跟场景环境温度设置进行配置操作,具体环境变量设置已经在之前章节中进行了介绍,在此不再进行介绍。

④ 选择 Add 添加,设置条件名称为 test4,设置 Motion Detector(运动检测器)的 On(开启)状态为 true(真),Webcam(网络摄像头)的 On(开启)状态为 true(真),如图 2-1-55 所示。

除了上述简单的条件场景判断外,Cisco Packet Tracer 软件还可以通过编程或者图形界面方式来进行场景的设置,具体选择 Editor,然后选择 New 新建,对不同的设备进行编程设计,如图 2-1-56 所示。

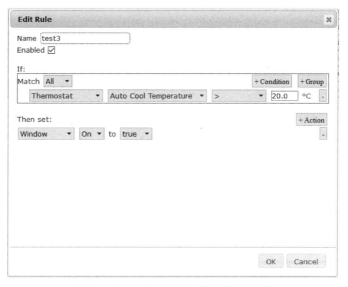

图 2-1-54　恒温器和窗的联动操作

图 2-1-55　运动检测器和网络摄像头的联动操作

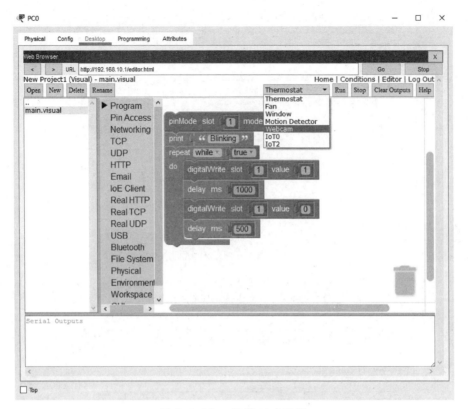

图 2-1-56　场景程序设计

2.2 华清远见模拟仿真软件介绍

北京华清远见教育科技有限公司,成立于2004年6月8日,历经十几年发展,华清远见从一家不足5人的小团队,发展到现在拥有1 000多名员工的集团公司;从成立最初的单一嵌入式学科,到现在包括嵌入式人工智能、物联网、JavaEE、HTML5、Python+人工智能等众多高端IT学科培训;从屈指可数的几间教室,发展成为分布于北京、上海、深圳、成都、南京、武汉、西安、广州、沈阳、重庆、济南、长沙12所城市直营中心的规模。

目前华清远见开设了嵌入式人工智能、物联网、JavaEE、HTML5、Python+人工智能和星创客六个教学方向。其中物联网虚拟仿真系统,可以说在业内是具有里程碑意义的教学平台,这个虚拟仿真平台,可以开展理论教学、编程、实验模拟、成果展示、创新实验等一系列物联网教学活动,有效解决物联网教学复杂,实验操作难,对硬件依赖高等一系列专业建设问题。本节就对该模拟仿真软件进行详细介绍。

华清远见模拟仿真软件出现改变了物联网专业实验环境建设难度大,投入成本高等困境,具有非常明显的产品特色,软件特色如图2-2-1所示。软件可以使用2D、3D软件仿真的形式,形象展示系统器件及运行逻辑。软件拓展了图形化编程、Python等编程接口,在软件平台上就能完成物联网基础教学、系统开发教学及实验成果展示,有效解决物联网学习门槛高,教学及实验开展难等诸多问题。

图2-2-1 软件特色

软件支持2D场景中拖拽控件,设置了画线布线功能,同时支持接线验证判错,可轻松学习硬件接线技术,如图2-2-2所示。

硬件布线完成后,需要正确理解ZigBee、Bluetooth4.0、Wi-Fi、LoRa、IPv6等底层通信协议,以及Modbus等数据交互协议,正确完成相关配置,就可以通过验证。如图2-2-3所示。

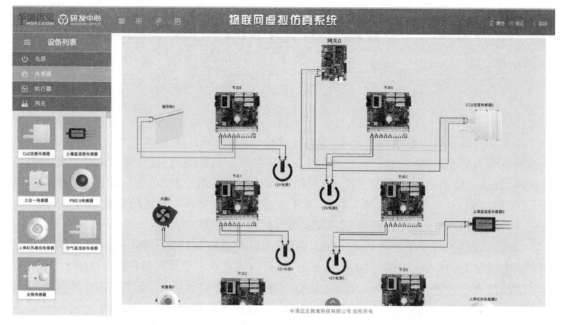

图 2-2-2 支持 2D 模式

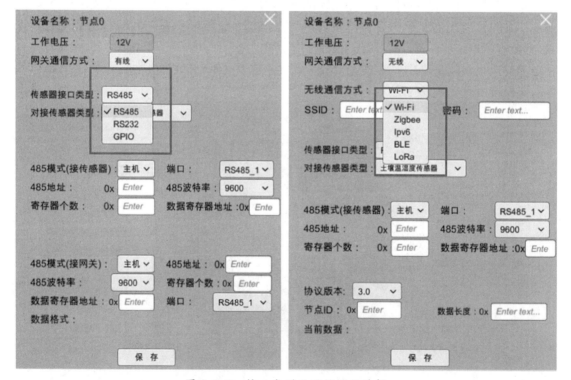

图 2-2-3 接口类型及通信协议选择

软件为物联网系统里每个部件都做了 3D 模型,用户通过单击 2D 布线项目中的模块,便可以出现对应的 3D 模型,可以查看具体相关信息,如图 2-2-4 所示。

华清远见模拟仿真软件支持 Scratch 图形化编程和 Python 编程,通过图形化编程,实现虚拟系统的运行,可以满足编程入门阶段的教学需求。软件也支持 Python 编程(可扩展

第 2 章 物联网模拟仿真软件

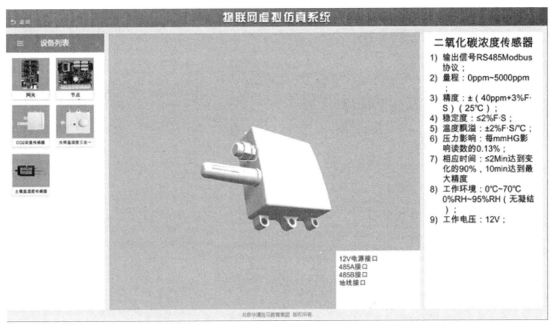

图 2-2-4 部件 3D 模型

Linux C、C++、H5、Java、Android 编程），提供实验例程、仿真硬件和真实硬件数据交互。如图 2-2-5、2-2-6 所示。此外软件还可以实现虚拟器件和真实器件之间的融合交互操作。

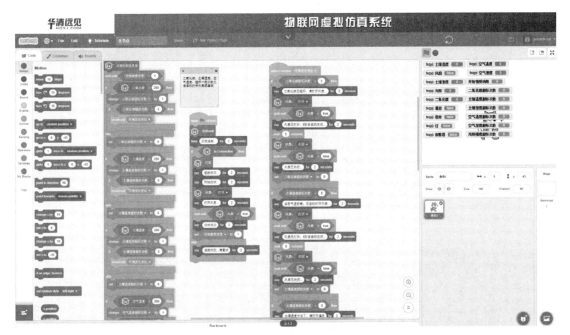

图 2-2-5 Scratch 图形化编程

项目运行时，可以选择在 3D 场景中体验最终的运行过程。3D 场景中会动态展示项目运行，并且动画的方式展示物联网模块间的数据交互过程。这种生动的交互方式，可以增强学生的沉浸感，验证项目成果，提升教学效果。如图 2-2-7 所示。

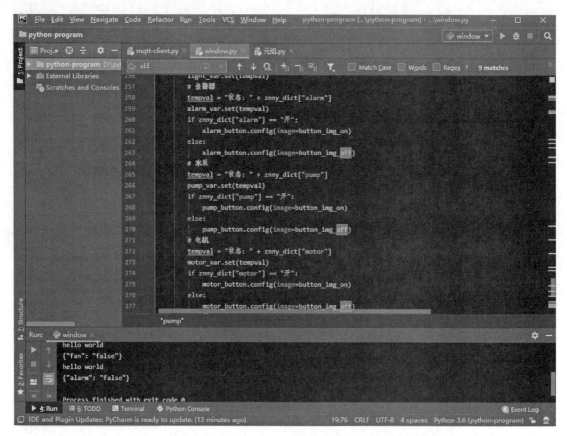

图 2-2-6　Python 编程

图 2-2-7　3D 场景仿真

2.2.1 华清远见基本安装和初步使用

在进行软件操作前,首先需要安装模拟仿真软件,具体步骤如下:

(1)首先以管理员身份运行安装源,单击下一步继续,输入用户名和公司名称,如图 2-2-8 所示。

图 2-2-8 开始安装

(2)选择安装类型,默认选择全部安装,单击安装按钮开始安装,如图 2-2-9 所示。安装完成如图 2-2-10 所示。

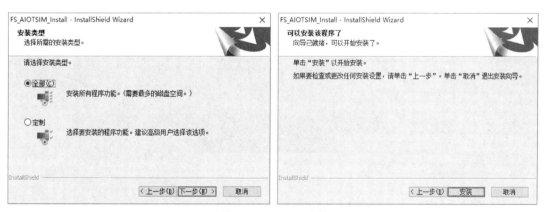

图 2-2-9 开始安装

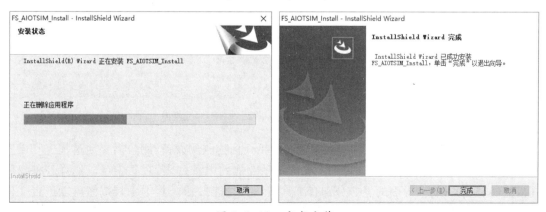

图 2-2-10 完成安装

（3）安装完成后输入激活码，才能正常使用，主界面如图 2-2-11 所示，注册完成后可以输入账号密码登录软件。

图 2-2-11　软件主界面

（4）启动软件后，可以选择"我的实验"，或者预设实验进行相关实验操作，预设实验是指软件自带的相关实验，在此选择我的实验，新建实验，命名为 test1，单击确定，如图 2-2-12 所示，新建完成后，可以打开对应实验。

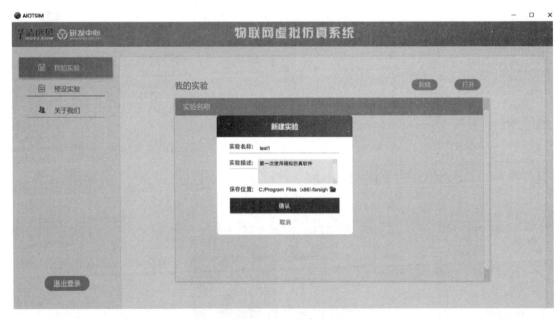

图 2-2-12　新建实验

（5）新建实验并打开后，默认实验内没有包括任何物联网设备，用户需要通过拖曳和设置的方法进行相关配置和操作。软件的主界面包括左侧的设备列表，在其中可以选择各种物联网搭建所需要的设备，界面的上方分别有工具按钮和功能按钮。其中工具按钮可以进行文件的新建、保存、导入、导出等操作，可以选择进入不同的 3D 模式，查看各类器件的 3D 模型；功能按钮中包括设置当前 MQTT 属性、清空当前工作区、验证连线和协议属性等功能,如图 2-2-13 所示。

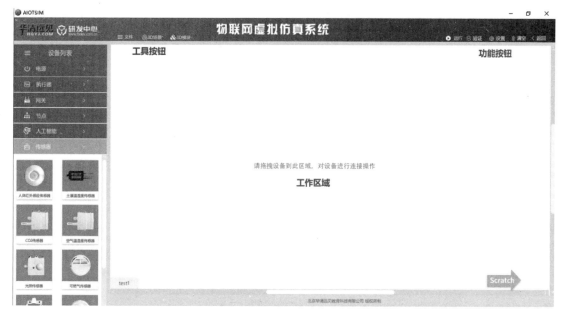

图 2-2-13　软件布局

(6) 设备列表中包括电源、执行器、网关、节点、人工智能和传感器,用户可以分别单击每一个选项,并从中选择所需要的物联网设备,直接拖曳到工作区内,如图 2-2-14 展示了传感器、执行器和电源的相关内容。

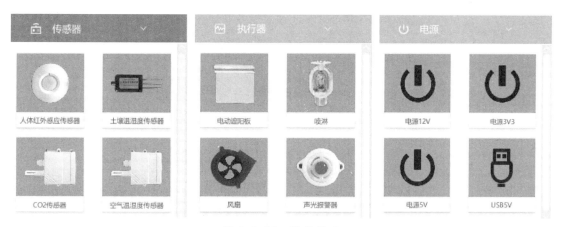

图 2-2-14　设备展示

(7) 当从设备区域拖曳一个设备到工作区后,单击这个设备可以查看设备的属性,并可以选择进入 3D 模型,切换到 3D 效果,如图 2-2-15 所示。

(8) 以下分别以电源面板、传感器、执行器、节点面板、网关面板为例进行相关的说明。

① 电源是最基本的设备配件,主要用于为各类元器件进行供电,因为软件提供了多种型号规格的电源,包括 12V、5V、3.3V 和 USB5V,如图 2-2-16 为 12V 电源的属性界面和数据列表,在实际使用时只需要直接拖曳到工作区即可。

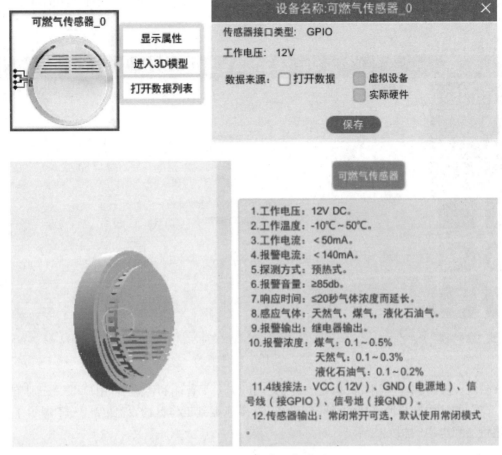

图 2-2-15　查看设备属性

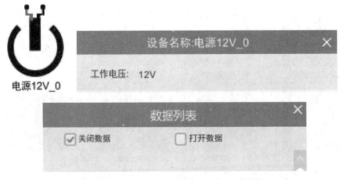

图 2-2-16　电源属性和数据列表

② 在虚拟仿真系统中所有传感器的数据采集和执行器件的动作都是通过传感器与执行器来实现的传感器的作用是采集环境数据，例如采集光照数据，采集温湿度数据，这类传感器通过感知周围环境数据并上传到控制节点；执行器则类似点灯、声光报警器、风扇、门锁等，主要通过各种命令实现相关的控制动作。不论是传感器还是执行器，如果通过设备的接口来分类可以分为 RS-485 接口、RS-323 接口和 GPIO 接口三类。例如图 2-2-17 所示就是两款使用 RS-485 接口和 GPIO 接口的传感器。

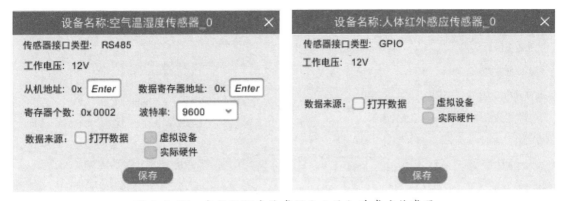

图 2-2-17 空气温湿度传感器和人体红外感应传感器

③ 选择了所需要的各类传感器和执行器后,就需要选择节点面板,节点是位于传感器与网关中间的一个数据采集与协议封装单元,其主要功能是将传感器采集的数据根据配置的节点属性封装成不同的数据包发送给网关。由于节点既要获取传感器数据还需要进行协议封装上传网关,因此这部分配置相对复杂。可以分为三部分配置:节点自身属性、传感器部分属性及网关对接属性。选择左侧导航栏的节点,在其中选择 M3 无线节点控制板 B_0,拖曳到工作区,选择显示属性,就可以看到如图 2-2-18 所示内容。

图 2-2-18 节点控制板

节点自身属性中只包括工作电压,传感器部分属性则包括传感器接口类型、对接传感器类型等,其中传感器接口类型可分为 GPIO、RS-232、RS-485 接口。根据连接传感器接口类型的不同,可以进行不同的属性设置,如图 2-2-19 所示。注意,如果采用 RS-485 接口,节点一般作为主机,传感器作为从机。

网关对接属性设置时,如果设置网关通信方式为有线,即设置为 RS-458 模式,一般情况下把节点设置为从机,把网关设置为主机;如果设置网关通信方式为无线,选择 WiFi 模式时,

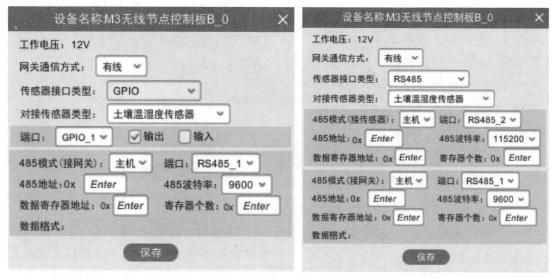

图 2-2-19　传感器部分属性

需要提供与网关 AP 相同的 SSID 和密码；使用 ZigBee 通信时则需要填写与网关相同的 PanID。如图 2-2-20 所示。

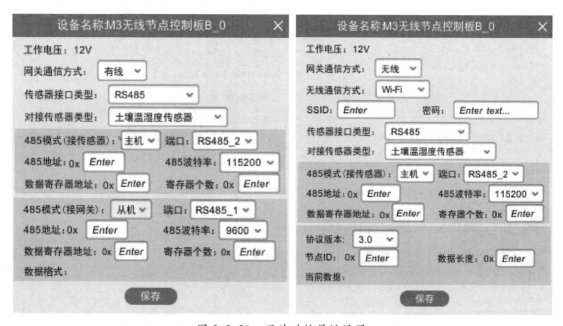

图 2-2-20　网关对接属性设置

④ 网关的作用是通过无线或有线的方式来实时接收节点上报的传感器数据，并按协议将有用的数据提取出来并发送，再使用 Scratch 或者 Python 语言来进行数据处理。选择左侧导航栏的网关，在其中选择 M4 网关单元，拖曳到工作区域，单击显示属性，可以看到如图 2-2-21 所示内容，网关目前共可以支持 ZigBee、BLE、IPv6、LoRa、Wi-Fi 五种网络。选择不同的网络，在网关实物上都会增加对应的功能模块，如图 2-2-22 左侧为使用了 ZigBee 状态的网关，右侧为使用了 Wi-Fi 状态的网关。

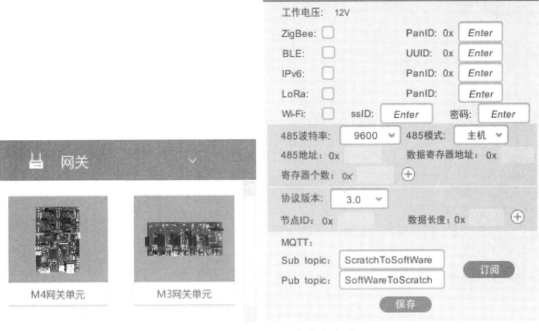

图 2-2-21 M4 网关属性设置

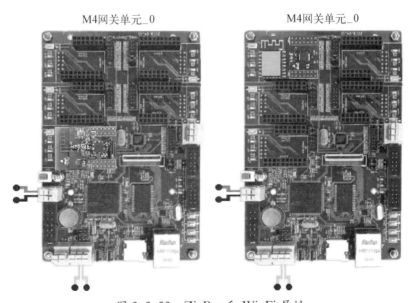

图 2-2-22 ZigBee 和 Wi-Fi 属性

（9）通过上述操作，在工作区中已经包括了网关、节点、传感器、执行器和电源设备，现在即可按照需求进行布线连接操作。首先单击起始设备的引脚，移动鼠标即可出现连接线，如果线缆需要转弯只需单击可以生成拐点，连接末端设备时也只需单击即可完成设备线缆连接，连接完成后如图 2-2-23 所示。如果需要删除某条连接线，只需单击选择连接线，按 Delete 即可。

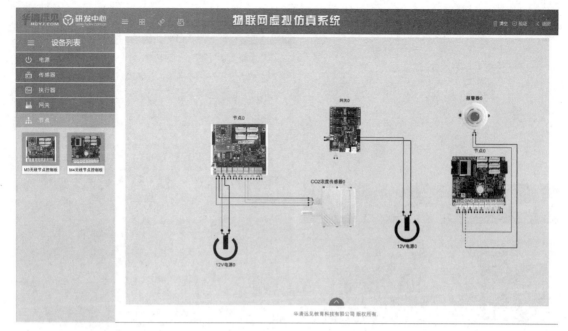

图 2-2-23 连接线缆

（10）设备选型和连接线缆完成后，就需要进行通信协议的配置。节点属性中可以选择有线和无线连接，无线连接又可以选择 ZigBee、Bluetooth4.0、IPv6、Wi-Fi、LoRa，如图 2-2-24 所示。

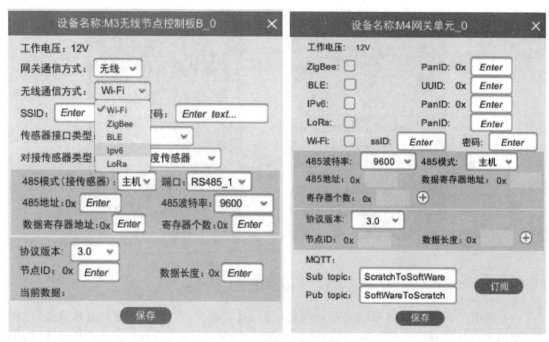

图 2-2-24 通信协议设置

（11）完成连接和协议选择后，可以使用验证按钮进行项目校验，软件主要从连线校验和协议校验两个方面进行校验，结果如图 2-2-25 所示。

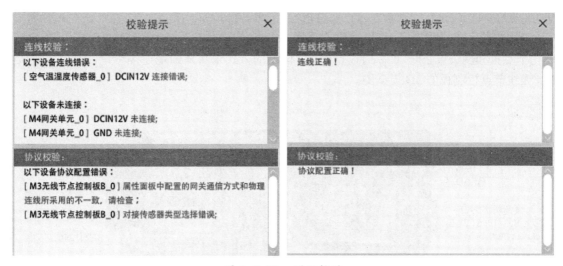

图 2-2-25 项目校验

2.2.2 物联网温湿度报警模拟仿真实验

按照如图 2-2-26 所示的设备搭建实验环境,并进行线缆连接,设备中包括一块 M4 网关

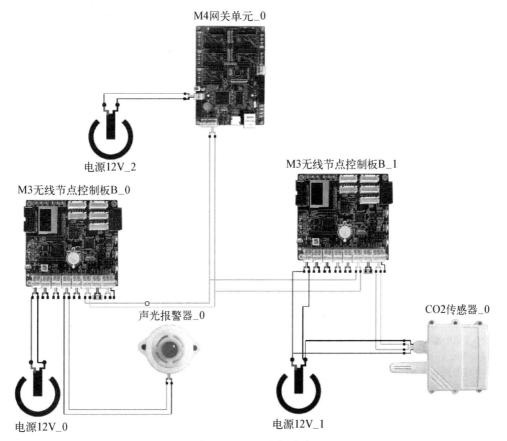

图 2-2-26 设备连线

单元，两块 M3 的节点控制板，一个声光报警器和一个 CO_2 传感器，其中声光报警器采用 GPIO 方式跟节点进行连接，CO_2 传感器采用 RS485 总线方式连接 M3 节点控制板。用户在使用节点板和网关设备时，可以通过查看 3D 模型的方式来具体确定连接接口，图 2-2-27 是 M3 无线节点控制板的 3D 模型图。

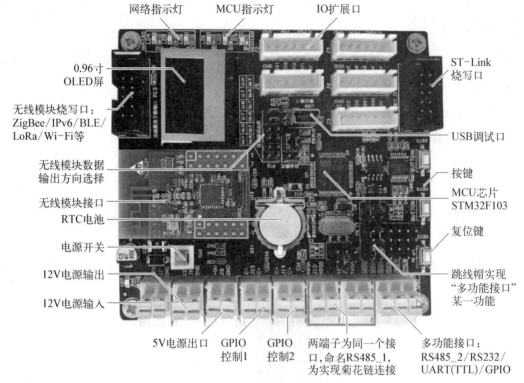

图 2-2-27　M3 节点 3D 模型

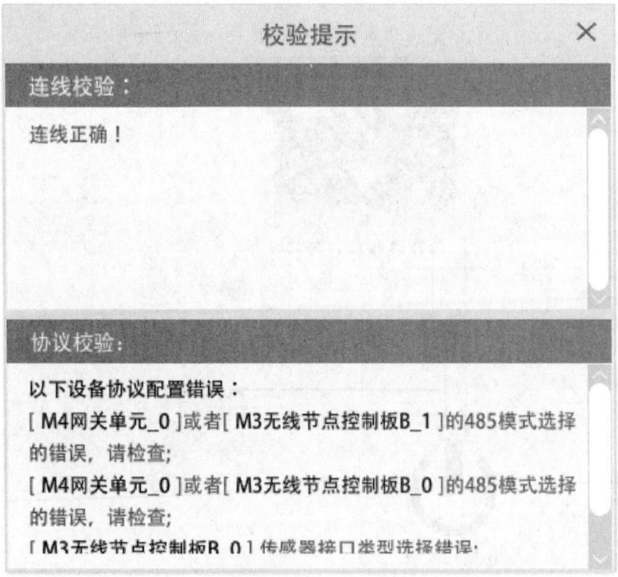

线缆连接完成后，单击验证按钮，可校验连线情况和协议配置情况，如图 2-2-28 所示，其中连线校验是显示连线正确的，而协议校验中就出现的报错的情况，因此后续就需要进行协议配置。

由于声光报警器使用 GPIO 口连接了 M3 无线节点，因此需要将无线节点的传感器接口类型设置为 GPIO，并且设置对接传感器类型选择为声光报警器，端口选择 GPIO_1，如图 2-2-29 所示。CO_2 传感器使用 RS485 总线连接了 M3 无线节点，传感器类型为 CO_2 传感器，因此也需要对 M3 无线节点进行配置，如图 2-2-30 所示。

图 2-2-28　系统校验

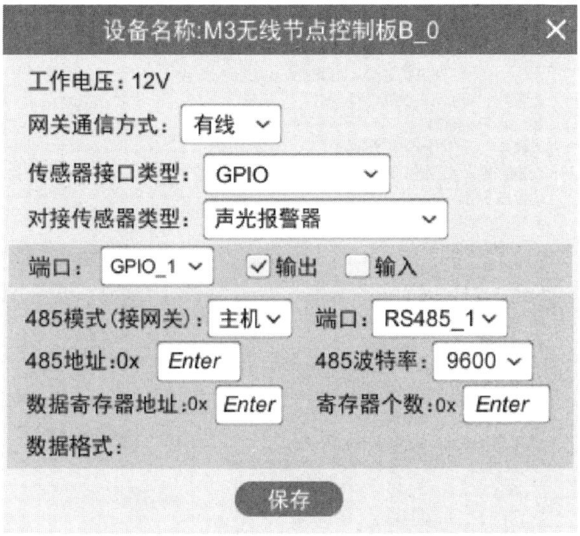

第 2 章　物联网模拟仿真软件

图 2-2-29　M3 节点 B_0 设置

图 2-2-30　M3 节点 B_1 设置

传感器故障解决后,再次单击验证,仍有三个协议故障,如图 2-2-31 所示,主要涉及 RS485 模式错误和从机地址错误等,现逐一进行解决。

首先解决 CO_2 传感器_0 和 M3 无线节点控制板 B_1 从机地址不同问题,具体操作步骤如下:

(1) 查看 CO_2 传感器。如图 2-2-32 所示,从右侧的 CO_2 传感器详细介绍中可以看到,传感器从机地址为十六进制的 07,寄存器起始地址为 0000,读/写寄存器个数为 1,对应地就需要在 CO_2 属性对话框中进行配置,如图 2-2-33 所示。

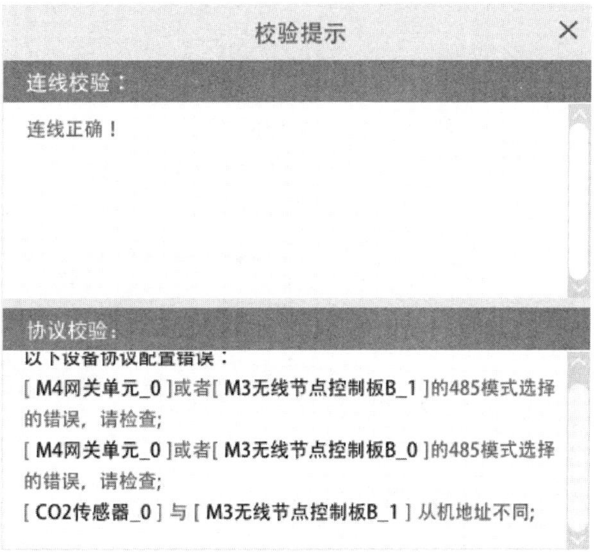

图 2-2-31　系统校验

(2) 配置完传感器后,还需要对 M3 无线节点控制板 B_1 的属性进行配置。针对传感器来说,节点控制板应该属于主机,端口选择 RS485_2,485 地址按照 CO_2 传感器设置为 07,波特率采用默认,寄存器地址设置为 0000,寄存器的个数设置为 1,保存后,再次进行验证,即可发现上述问题已经解决,如图 2-2-34 所示。

校验后,依然存在的问题主要是 M4 网关单元和 M3 节点控制板之间的 RS485 模式选择错误,现统一进行修改,具体操作步骤如下:

(1) 首先打开 M3 节点控制板,选择进入 3D 模型,在右侧选择连接 Modbus 协议介绍,软件已经规定了相关传感器的从机地址信息,在其中查找 CO_2 传感器,从机地址为 07,寄存器起始地址为 0000,读/写寄存器个数为 1,如图 2-2-35 所示。注意,在配置 CO_2 传感器和 M3 节点控制板时也配置了一套 RS485 总线的从机地址等信息,但在此并没有重复配置,而是配

图 2-2-32 CO2 的 3D 模型

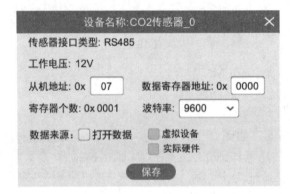

图 2-2-33 CO2 属性设置

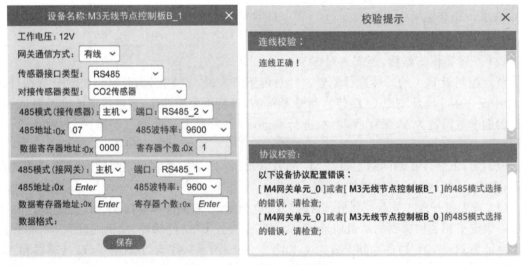

图 2-2-34 节点板属性设置

置了 M3 节点控制板和 M4 网关单元,两者属于两套 RS485 总线:CO2 传感器和 M3 节点控制板连接时,CO2 传感器属于从机,M3 节点控制板属于主机;M3 节点控制板和 M4 网关单元连接时,M3 节点控制板属于从机,M4 网关单元属于主机。

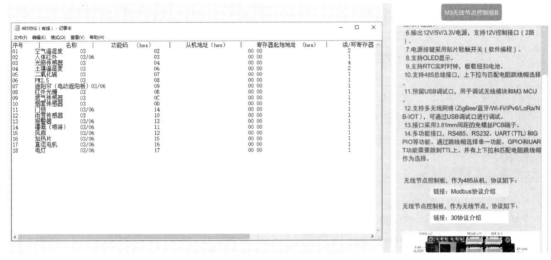

图 2-2-35　Modbus 协议介绍

(2) 完成 M3 节点控制板的配置后,结果如图 2-2-36 所示。

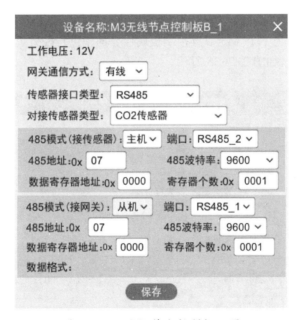

图 2-2-36　M3 节点控制板配置

(3) 配置完 M3 节点控制板后,还需要进行 M4 网关属性配置。打开属性后,选择 RS485 总线模式中的加号,在其中添加 CO2 传感器的基本信息,如图 2-2-37 所示。

(4) 完成 CO2 传感器的相关设置后,需要对声光报警器连接的 M3 节点控制板和 M4 网关之间的连接进行设置。由于声光传感器使用的 GPIO 连接到 M3 节点控制板,无需进行更多配置,因此只需要进行 M3 节点控制板和 M4 网关之间的 RS485 总线的配置。通过查询 M3

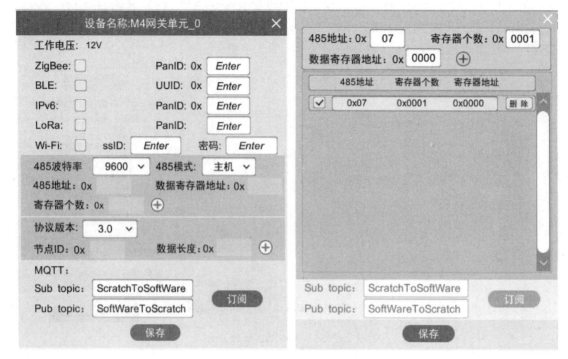

图 2-2-37　M4 网关配置

节点控制板中 Modbus 协议介绍，查询到声光报警器，从机地址为 13，寄存器起始地址为 0000，读/写寄存器个数为 1，在 M3 节点控制板属性界面中进行配置，注意 M3 节点板连接 M4 网关时应该设置为从机，如图 2-2-38 所示。

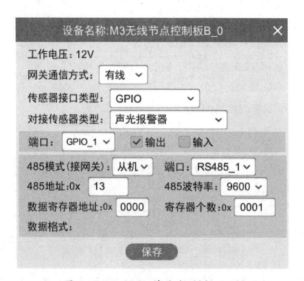

图 2-2-38　M3 节点控制板配置

（5）完成了 M3 节点控制板的设置后，还需要对 M4 网关进行配置。在 RS485 总线模式中添加相关信息，完成设置后，可以再次单击验证，发现所有验证均已通过，如图 2-2-39 所示。

第 2 章 物联网模拟仿真软件

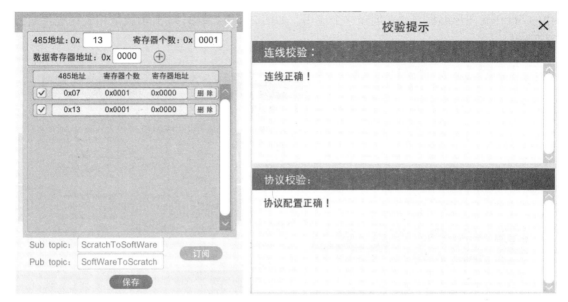

图 2-2-39 M4 网关配置及校验

校验完成后,单击运行,此时还是会报一个错误,如 2-2-40 左图所示,显示没有连接 MQTT 服务,解决的方法是单击设置按钮,选择连接,但如果 MQTT 未开启,软件会提示连接失败,请检查 MQTT 服务,用户可以前往服务中,查找 mosquitto 服务,选择启动,则可以启动服务,然后再次单击设置中的连接,则显示如 2-2-40 右图所示结果。

图 2-2-40 MQTT 连接

MQTT 服务连接成功后,运行时还是会显示没有订阅 Scratch 的 Topic 错误。进入 M4 网关的属性菜单,在其中选择订阅 MQTT,单击保存退出,如图 2-2-41 所示。

订阅了 Topic 后,再次运行还是存在报错问题。此次显示的是传感器没有产生数据,因此可以选择任意传感器,选择其中的打开数据列表,然后勾选其中的打开数据,数据来源选择虚拟设备,这样就可以产生虚拟的模拟数据了,如图 2-2-42 所示。

完成上述所有的纠错操作后,单击运行,就不会再报错,而是正常显示了,如图 2-2-43 所示。运行正常了,说明数据实现了采集,上传到 M3 节点控制板,又通过 M3 节点控制板上传到了 M4 网关。但由于目前没有应用,因此无法查看相关的数据内容,用户可以单击软件右下

· 87 ·

角的Scratch图形编程方式来创建一个应用。如图2-2-44、2-2-45所示就是相关编程界面和结果图。

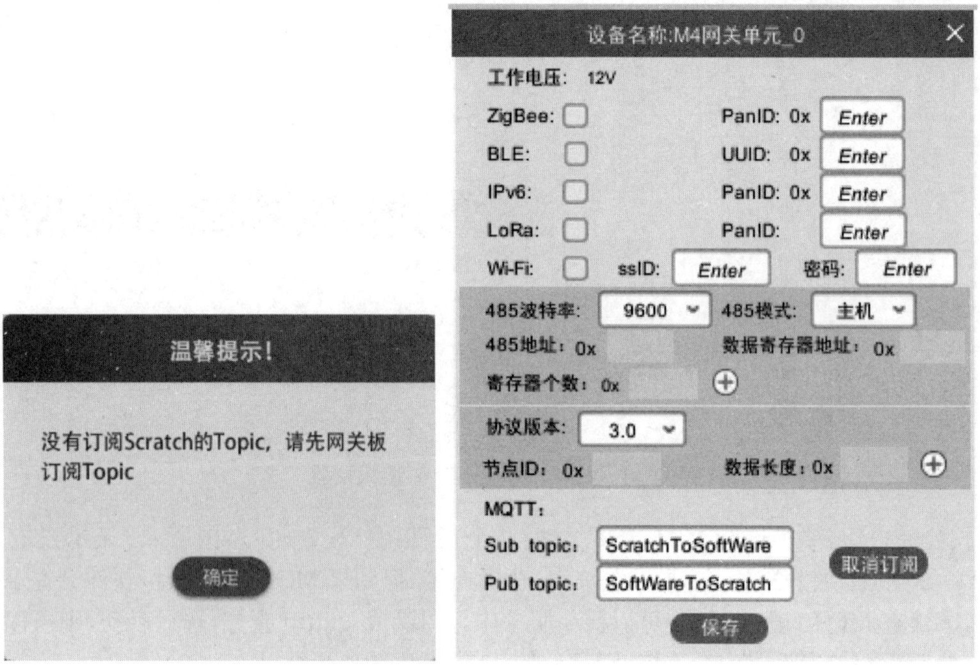

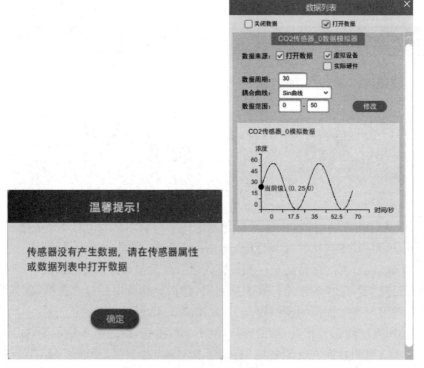

图 2-2-41 订阅 Topic

图 2-2-42 设置虚拟数据源

第 2 章 物联网模拟仿真软件

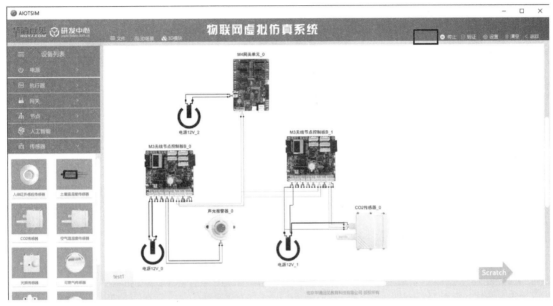

图 2-2-43 正常运行

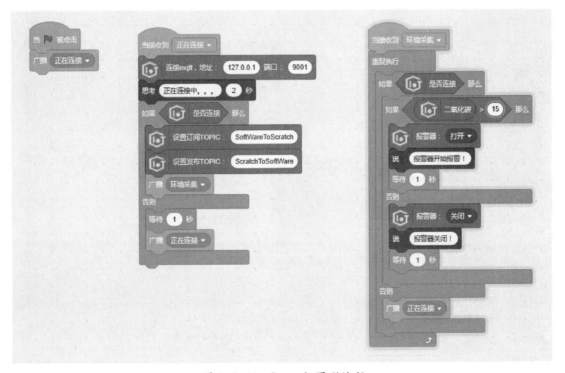

图 2-2-44 Scratch 图形编程

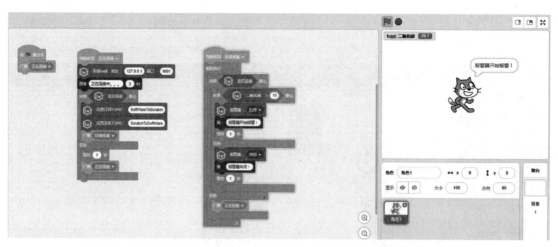

图 2-2-45 Scratch 结果

2.3 物联网智能农业系统模拟仿真

物联网智能农业系统在实际应用中会包含大量的各类传感器,例如土壤温湿度传感器、空气温湿度传感器、CO2 传感器、光照传感器等,使用华清远见模拟仿真系统可以全面的模拟相关场景,并实现相关检测反馈功能,本节将详细说明相关操作步骤。

具体场景效果如下:
(1) 使用二氧化碳传感器采集到环境浓度大于 20% 时,打开报警器进行报警;
(2) 使用人体感应传感器检测到有人时,打开报警器进行报警;
(3) 使用空气温湿度传感器当温度大于 25℃时打开风扇降温;
(4) 使用空气温湿度传感器当湿度大于 30% 时打开窗帘;
(5) 使用土壤温湿度传感器当温度大于 10℃时打开灌溉 5 秒;
(6) 使用土壤温湿度传感器当湿度大于 15% 时打开加热灯;
(7) 使用光照传感器当光照大于 30lux 时打开窗帘。

按照上述场景描述进行具体的配置为:

2.3.1 传感器

1. 二氧化碳传感器

按照如图 2-3-1 所示,将二氧化碳传感器和 M3 无线节点控制板进行连接,其中二氧化碳传感器和 M3 无线节点控制板之间使用 RS485 进行连接,M3 无线节点控制板和 M4 网关单元之间使用 WiFi 无线连接,按照如图 2-3-2、2-3-3 所示的软件默认连接规则,进行配置,结果如图 2-3-4 所示,其中设置 WiFi 无线的 SSID 和连接密码均为 1234。

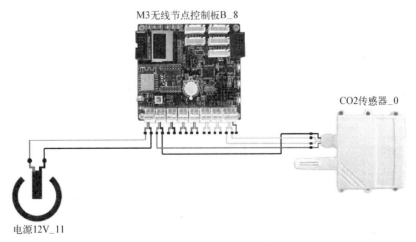

图 2-3-1 二氧化碳传感器

30协议（无线）.txt - 记事本

文件(F) 编辑(E) 格式(O) 查看(V) 帮助(H)

序号	名称	节点ID（hex）	数据长度（Byte）	备注
01	空气温湿度	0080	4	前2个字节为温度，后2个字节为湿度
02	可燃气浓度	0140	1	0x30未超标，0x31超标
03	土壤温湿度	0180	4	前两个字节为土壤的温度、后两个字节为土壤湿度
04	二氧化碳	01C0	2	当前环境下CO2浓度，单位ppm
05	PM2.5	0200	1	粉尘浓度毫克每立方米
06	红外光栅	0280	1	0x30 表示无遮挡，0x31 表示有遮挡
07	烟雾传感器	0300	1	0x30 表示烟雾浓度未超标，0x31 表示烟雾浓度超标
08	人体红外	0340	1	0x30表示无人，0x31表示有人
09	雨雪传感器	0700	1	0x30 表示无雨无雪，0x31 表示有雨或有雪
10	光照传感器	0900	8	光照值（3 Byte~6 Byte），倍率（7 Byte~8 Byte）
11	灌溉（喷淋）	4040	1	0x30 表示关闭灌溉，0x31 表示开启灌溉
12	声光报警器	4340	1	0x30 表示关闭声光报警器，0x31 表示开启声光报警器
13	电灯	4500	1	0x30 表示电灯开启，0x31 表示电灯关闭
14	门锁	47C0	1	0x30 表示门锁关闭，0x31 表示门锁开启
15	风扇	4800	1	0x30 表示关闭风扇，0x31 表示开启风扇
16	加热片	4380	1	0x30 表示关闭加热，0x31 表示打开加热
17	遮阳帘（电动遮阳板）	43C0	1	0X41 打开，0X42停止，0X43关闭
18	直流电机	4300	1	0X41正传，0X42 停止，0X43反传
19	继电器	4080	1	0X30表示关闭蜂鸣器,0X31开启蜂鸣器
20	蜂鸣器	40C0	1	0X30表示关闭继电器，0X31表示开启继电器

图 2-3-2　无线规则

485协议（有线）.txt - 记事本

文件(F) 编辑(E) 格式(O) 查看(V) 帮助(H)

序号	名称	功能码（hex）	从机地址（hex）	寄存器起始地址（hex）	读/写寄存器（个数）	备注
01	空气温湿度	03	02	00 00	2	第1个寄存器为温度，第2个寄存器为湿度
02	人体红外	03/06	03	00 00	1	0x30表示无人，0x31表示有人
03	光照传感器	03	04	00 00	4	光照值（2~3寄存器）倍率（4寄存器）
04	土壤温湿度	03	06	00 00	2	第1个寄存器为土壤的温度，第2个寄存器为土壤湿度
05	二氧化碳	03	07	00 00	1	当前环境下CO2浓度，单位ppm
06	PM2.5	03	08	00 00	1	粉尘浓度毫克每立方米
07	遮阳帘（电动遮阳板）	03/06	09	00 00	1	0X41打开，0X42停止，0X43关闭
08	红外光栅	03	0B	00 00	1	0x30 表示无遮挡，0x31 表示有遮挡
09	燃气传感器	03	0C	00 00	1	0x30未超标，0x31超标
10	烟雾传感器	03	0D	00 00	1	0x30 表示烟雾浓度未超标，0x31 表示烟雾浓度超标
11	门锁	03/06	14	00 00	1	0x30 表示门锁关闭，0x31 表示门锁开启
12	雨雪传感器	03	10	00 00	1	0x30 表示无雨无雪，0x31 表示有雨或有雪
13	报警器	03/06	13	00 00	1	0x30 表示关闭声光报警器，0x31 表示开启声光报警器
14	灌溉（喷淋）	03/06	11	00 00	1	0x30 表示关闭灌溉，0x31 表示开启灌溉
15	风扇	03/06	12	00 00	1	0x30 表示关闭风扇，0x31 表示开启风扇
16	加热片	03/06	15	00 00	1	0x30 表示关闭加热，0x31 表示打开加热
17	直流电机	03/06	16	00 00	1	0X41正传，0X42 停止，0X43反传
18	电灯	03/06	17	00 00	1	0x30 表示电灯开启，0x31 表示电灯关闭
19	继电器	03/06	18	00 00	1	0X30表示关闭蜂鸣器,0X31开启蜂鸣器
20	蜂鸣器	03/06	19	00 00	1	0X30表示关闭继电器，0X31表示开启继电器

图 2-3-3　有线规则

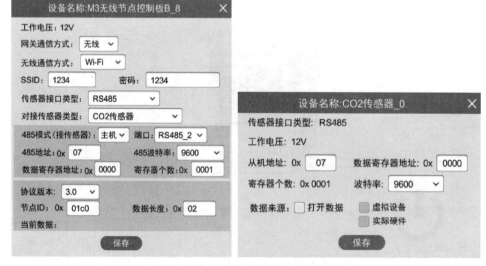

图 2-3-4　二氧化碳传感器模块设置

2. 人体感应传感器

按照如图 2-3-5 所示,将人体感应传感器和 M3 无线节点控制板进行连接,其中人体感应传感器和 M3 无线节点控制板之间使用 GPIO 连接,使用端口格式 GPIO_3。M3 无线节点控制板和 M4 网关单元之间使用 RS485 进行连接,其中 M4 网关单元作为主机、M3 无线节点控制板作为从机,需要在主机端和从机端均添加相关的信息进行绑定,具体配置如图 2-3-6 所示。

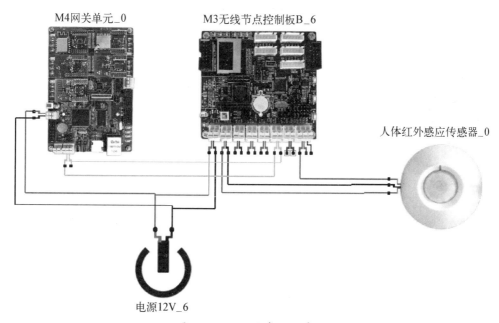

图 2-3-5　人体感应传感器

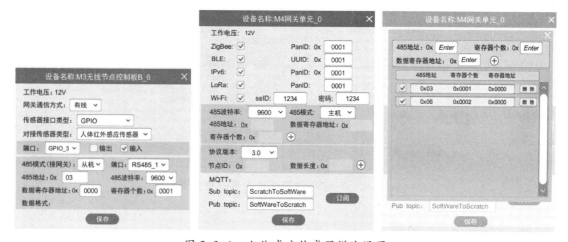

图 2-3-6　人体感应传感器模块设置

3. 空气温湿度传感器

按照如图 2-3-7 所示,将空气温湿度传感器和 M3 无线节点控制板进行连接,其中空气温湿度传感器和 M3 无线节点控制板之间使用 RS485 进行连接，M3 无线节点控制板和 M4 网关单元之间使用 WiFi 无线连接，按照软件默认连接规则进行配置，具体设置内容如图 2-3-8 所示。

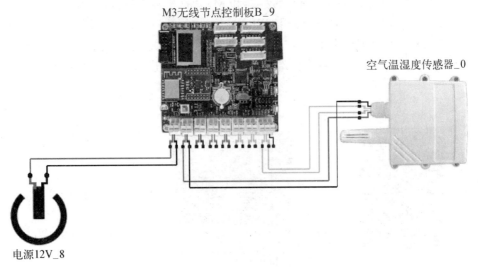

图 2-3-7　空气温湿度传感器

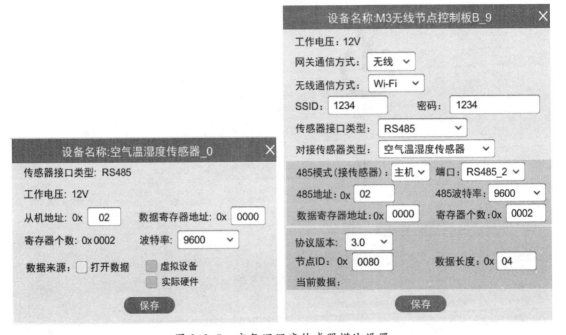

图 2-3-8　空气温湿度传感器模块设置

4. 土壤温湿度传感器

按照如图 2-3-9 所示，将土壤温湿度传感器和 M3 无线节点控制板进行连接，M3 无线节点控制板和 M4 网关单元进行连接，均采用 RS485 进行连接，其中 M3 无线节点控制板即承担了从机的角色（连接网关），又承担了主机的角色（连接传感器），其设置如图 2-3-10 所示。M4 网关单元设置如图 2-3-11 所示。

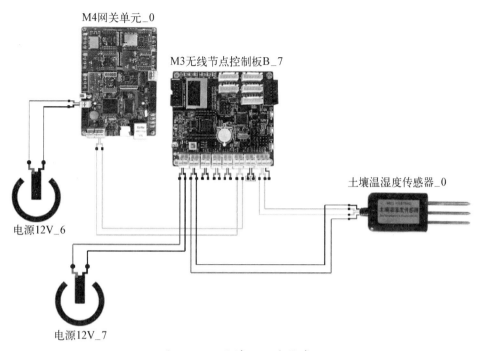

图 2-3-9 土壤温湿度传感器

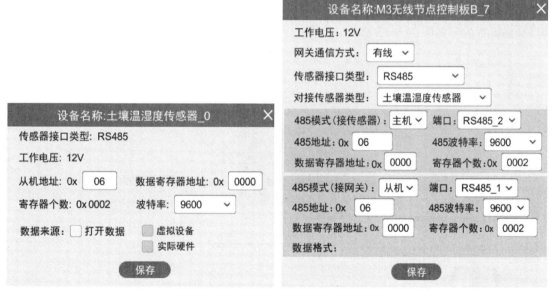

图 2-3-10 M3 无线节点控制板设置

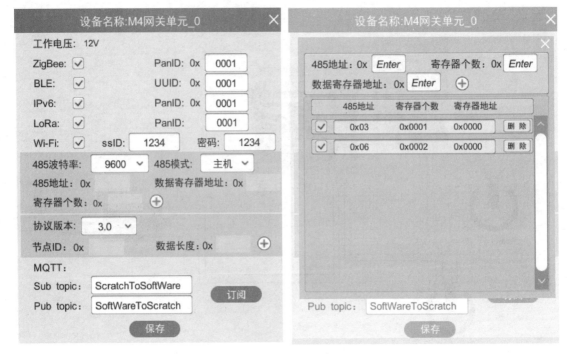

图 2-3-11　M4 网关单元设置

5. 光照传感器

如图 2-3-12 所示，将光照传感器和 M3 无线节点控制板进行连接，采用 RS485 进行连接，M3 无线节点控制板和 M4 网关单元之间使用 WiFi 无线连接，按照软件默认连接规则进行配置，具体设置内容如图 2-3-13 所示。

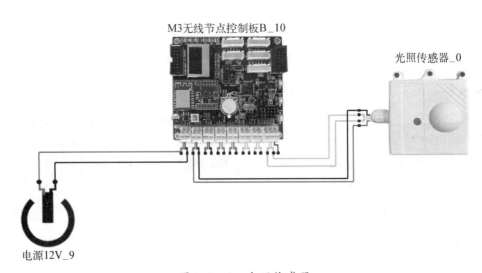

图 2-3-12　光照传感器

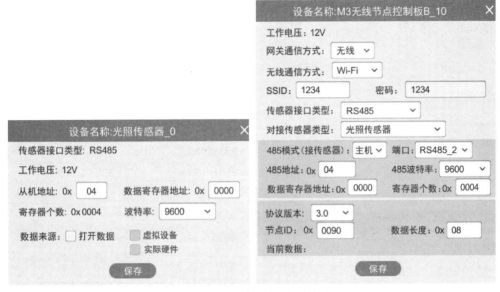

图 2-3-13　光照传感器设置

2.3.2　执行器

本项目中除了使用到二氧化碳、人体感应、空气温湿度、土壤温湿度、光照传感器以外,还使用了部分执行器,以下就详细进行说明,具体执行器包括有喷淋、电动遮阳板、声光报警器、电灯、风扇。

1. 喷淋

如图 2-3-14 所示,将喷淋和 M3 无线节点控制板进行连接,使用 GPIO 连接,M3 无线节

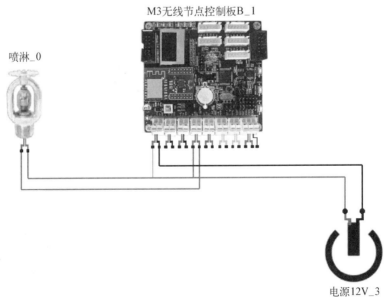

图 2-3-14　喷淋设备

点控制板和 M4 网关单元之间使用 WiFi 无线连接,按照软件默认连接规则进行配置,具体设置内容如图 2-3-15 所示。

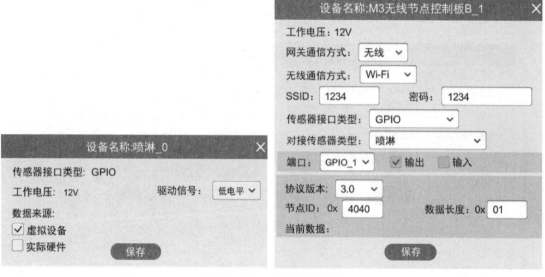

图 2-3-15　喷淋设备配置

2. 电动遮阳板

按照 2-3-16,将电动遮阳板和 M3 无线节点控制板进行连接,使用 GPIO 连接,端口采用的是 GPIO_1,M3 无线节点控制板和 M4 网关单元之间使用 ZigBee 无线连接,按照软件默认连接规则进行配置,具体设置内容如图 2-3-17 所示。

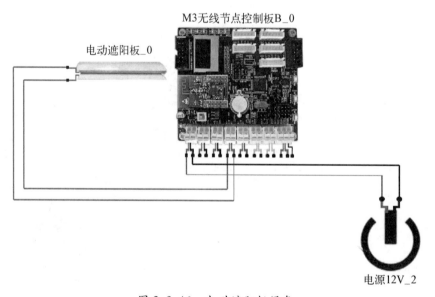

图 2-3-16　电动遮阳板设备

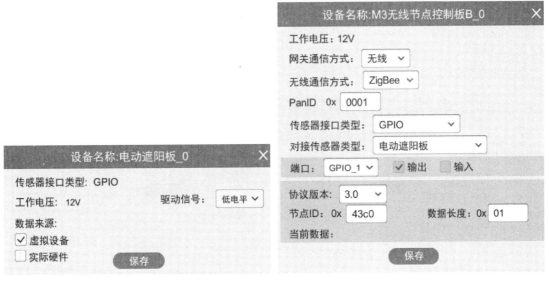

图 2-3-17　电动遮阳板设置

3. 声光报警器

如图 2-3-18 所示,将声光报警器和 M3 无线节点控制板进行连接,使用 GPIO 连接,端口采用的是 GPIO_1,M3 无线节点控制板和 M4 网关单元之间使用 WiFi 无线连接,按照软件默认连接规则进行配置,具体设置内容如图 2-3-19 所示。

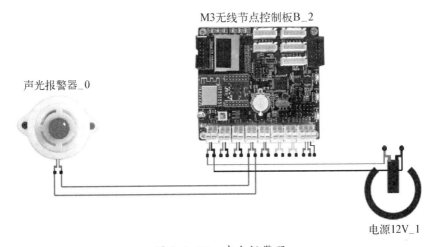

图 2-3-18　声光报警器

4. 电灯

如图 2-3-20 所示,将电灯和 M3 无线节点控制板进行连接,使用 GPIO 连接,端口采用的是 GPIO_1,M3 无线节点控制板和 M4 网关单元之间使用 BLE 连接,按照软件默认连接规则进行配置,具体设置内容如图 2-3-21 所示。

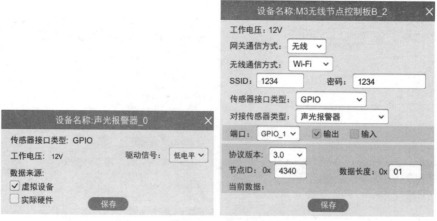

图 2-3-19 声光报警器设置

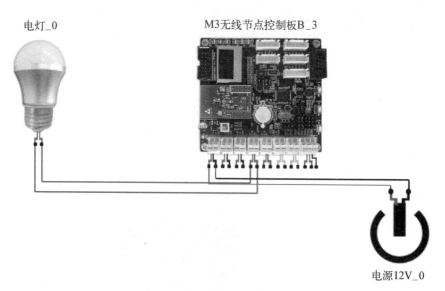

图 2-3-20 电灯

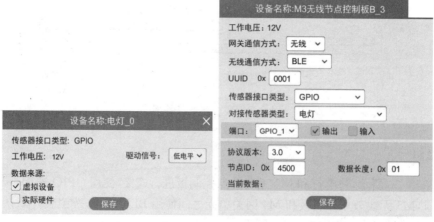

图 2-3-21 电灯设置

5. 风扇

如图 2-3-22 所示，将风扇和 M3 无线节点控制板进行连接，使用 GPIO 连接，端口采用的是 GPIO_1，M3 无线节点控制板和 M4 网关单元之间使用 WiFi 无线连接，按照软件默认连接规则进行配置，具体设置内容如图 2-3-23 所示。

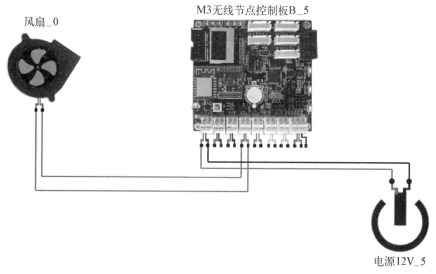

图 2-3-22 风扇

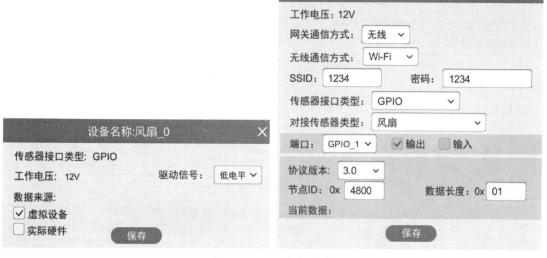

图 2-3-23 风扇设置

2.3.3 网关

在整个模拟仿真实验中网关设置至关重要，包括对网络连接类型的选择、RS485 节点的添加，无线设备的节点添加等，如图 2-3-24 和图 2-3-25 所示。

物联网技术及应用

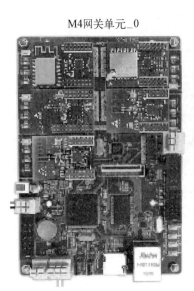

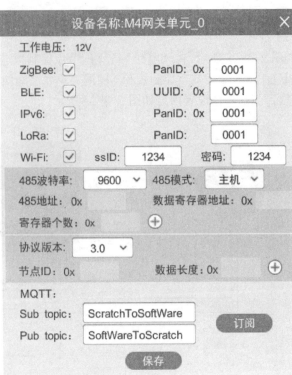

图 2-3-24　网关设置

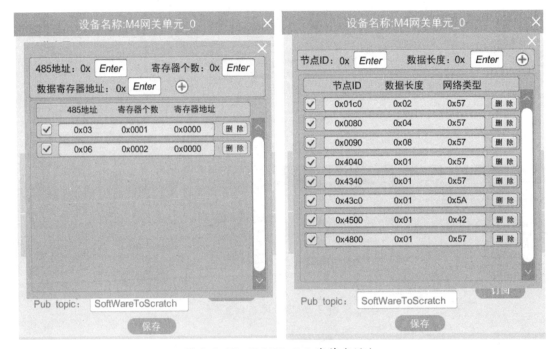

图 2-3-25　RS458 及无线节点添加

所有传感器、执行器和 M4 网关单元连接完成后，就可以尝试进行验证。如果设备连线、协议配置均正确则可以进行 MQTT 服务连接及后续操作，如果出现错误则需要根据提示解决错误直到验证完成正确为止，如图 2-3-26 所示。

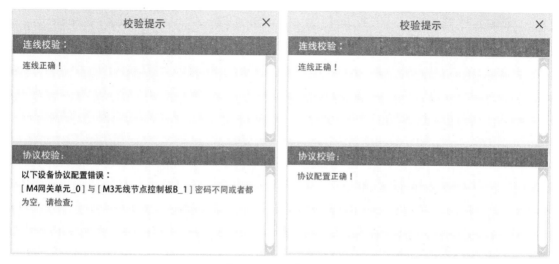

图 2-3-26 验证测试

验证均正确后,就可以单击右上方的设置按钮,选择连接 MQTT 服务,并选择 M4 网关单元显示属性,选择订阅 MQTT,如图 2-3-27 所示。

图 2-3-27 订阅 MQTT

完成了 MQTT 服务器的连接,并完成了订阅后,就可以尝试单击任意一个传感器的 M3 无线节点控制板,选择打开数据列表,并在其中选择打开数据,可以实现模拟数据的运行,为后续 Scratch 编程提供数据,如图 2-3-28 所示。

完成所有线缆连接,协议配置,MQTT 服务设置,并通过验证后,单击右下角的 Scratch 按钮,开始进行图形编程,按照项目设计目标,创建相关应用,连接 MQTT 服务部分和之前实验一样,如图 2-3-29 所示,传感器检测反馈部分由于涉及的传感器较多,需要将所有传感器包含

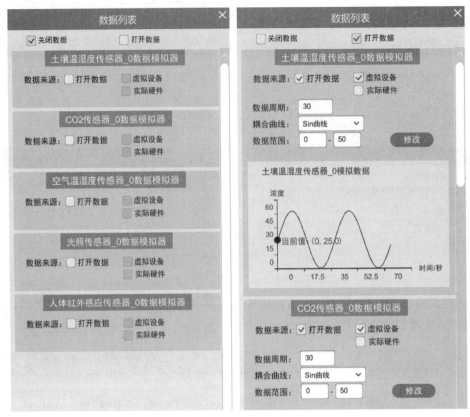

图 2-3-28 打开模拟数据源

一个循环语句中,并针对每个传感器设置判断语句,具体配置如图 2-3-29、图 2-3-30、图 2-3-31、图 2-3-32 所示。

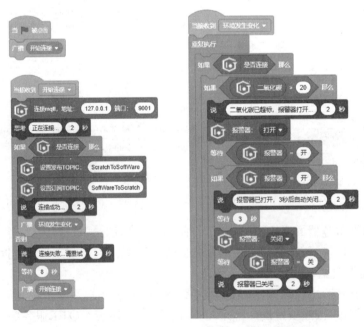

图 2-3-29 初始化配置及二氧化碳传感器应用

第 2 章 物联网模拟仿真软件

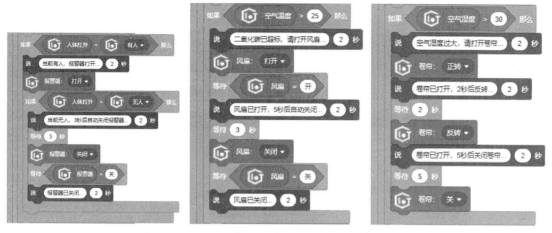

图 2-3-30 人体感应传感器及温湿度传感器应用

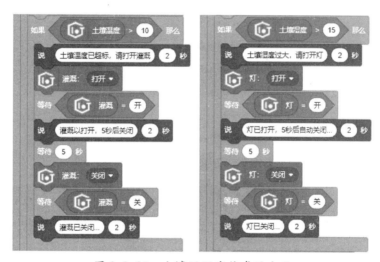

图 2-3-31 土壤温湿度传感器应用

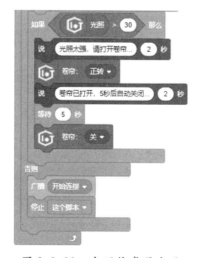

图 2-3-32 光照传感器应用

Scratch 编程全部完成后，切换回物联网虚拟仿真系统，再次检测 MQTT 服务器的连接情况，订阅情况，以及模拟数据是否打开，如果均正确打开则可以单击右上角的运行，开始进行模拟运行，并切换到 Scratch 界面，单击右上角的绿色旗帜，开始进行模拟仿真，检测逻辑设计是否正确，可以单击右侧的模块栏，勾选需要查看的传感器，具体显示结果如图 2-3-33 所示。

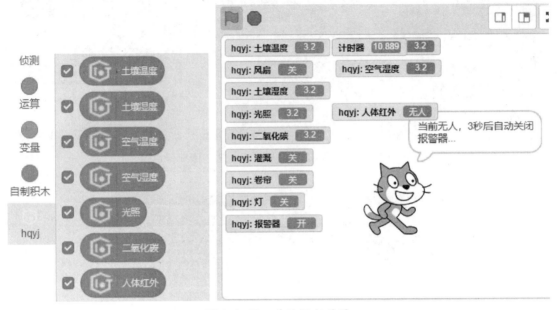

图 2-3-33　系统运行结果

2.4 本章习题

2.4.1 单选题

1. 在 Cisco Packet Tracer 软件中，涉及物联网的相关设备类型主要包括两个部分，其一是终端设备，其二是_____。
   A. 智能城市　　　　B. 器件　　　　C. 电力网络　　　　D. 执行机构
2. 在 Cisco Packet Tracer 软件中进行 I/O Config 设置时，在 Network Adapter（网络适配器）中，选择_____可以实现无线网络连接。
   A. PT-IOT-NM-1CFE　　　　　　B. PT-IOT-NM-1CE
   C. PT-IOT-NM-1W　　　　　　　D. PT-IOT-NM-3G/4G
3. Blockly 功能是由 Google 公司在_____发布的。
   A. 2011 年 6 月　　　　　　　　B. 2012 年 6 月
   C. 2013 年 6 月　　　　　　　　D. 2014 年 6 月
4. 华清远见模拟仿真软件中，设备的接口可以分为 RS485 接口、RS323 接口和_____三类。
   A. M3 无线节点　　B. IIC 接口　　C. M4 无线节点　　D. GPIO 接口
5. 华清远见模拟仿真软件中，网关目前可以支持的无线连接包括_____、BLE、IPv6、LoRa、Wi-Fi 五种网络。
   A. 双绞线　　　　B. RS485　　　　C. ZigBee　　　　D. RS323

2.4.2 填空题

1. Cisco Packet Tracer 软件在进行程序代码编写时，目前支持的程序代码主要包括 JavaScript、_____，同时也支持 Visual 可视化的编程方式进行相关操作。
2. Cisco Packet Tracer 是由_____公司发布的一款辅助学习工具。
3. 华清远见开发的物联网_____系统，可以说在业内是具有里程碑意义的教学平台。
4. 华清远见模拟仿真软件支持_____图形化编程和 Python 编程。

2.4.3 实践题

1. 请使用 Cisco Packet Tracer 模拟仿真软件实现对物联网智能家居防盗系统的场景模拟。
2. 请使用华清远见模拟仿真软件实现对物联网智能家居场景的模拟。

本 章 小 结

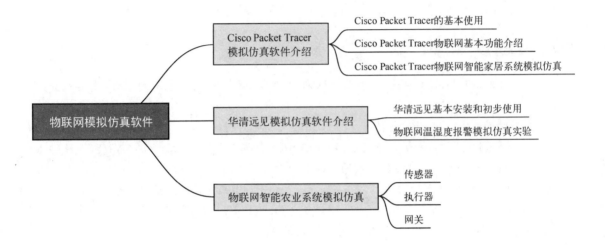

PART 03

第 3 章　物联网开发环境搭建

<本章概要>

物联网的应用开发需要各种软件开发环境。本章物联网应用开发中常用的几种软件开发环境的搭建方法，为后续的学习和实践打好基础，内容包括：

- Python 开发环境搭建；
- PyCharm IDE 搭建；
- JDK 开发环境搭建；
- Android Studio 开发环境搭建；
- MySQL 的安装。

<学习目标>

完成本章学习后，要求掌握如表 3-1 所示的内容。

表 3-1　知识能力表

本单元的要求	知　　识	能　　力
Python 开发环境搭建	理解	比较熟练
PyCharm IDE 搭建	理解	比较熟练
JDK 开发环境搭建	理解	比较熟练
Android Studio 开发环境搭建	理解	比较熟练
MySQL 的安装	理解	比较熟练

3.1 网关开发环境搭建

3.1.1 Python 开发环境搭建

Python 是一种简单的、解释型的、面向对象的高级编程语言。Python 发展很快,目前已广泛应用于众多领域,在物联网领域的应用发展前景广阔。

1. 安装准备

可从 Python 官网上免费下载 Python 安装程序(www.python.org),如图 3-1-1 所示。本教材选用 Windows x86-64 executable installer 版 python-3.7.6。

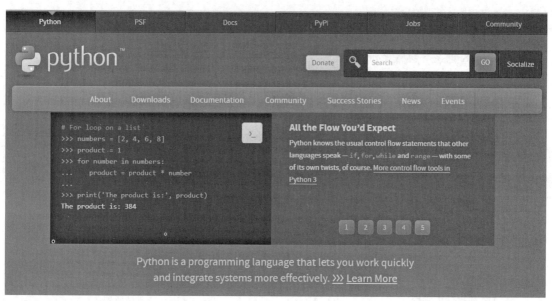

图 3-1-1　Python 官网

2. Python 运行环境安装

(1) 双击"python-3.7.6-amd64.exe",如图 3-1-2 所示,选中"Add Python 3.7 to PATH"(添加 Python 安装路径到 windows 环境变量的路径)复选框。

(2) 选择"Customize installation"进行自定义安装(自定义安装可以自主选择安装路径)进入安装功能选择界面,如图 3-1-3 所示。

(3) 单击"Next"按钮,进入安装高级选项界面,选择"Install all users"复选框,定义安装路径,如图 3-1-4 所示。

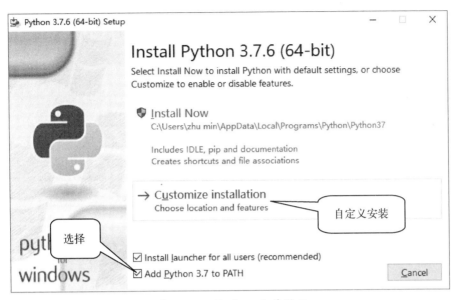

图 3-1-2　Python 安装界面

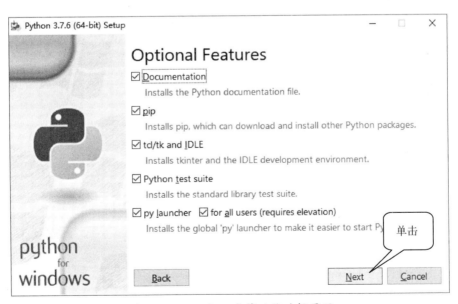

图 3-1-3　Python 安装功能选择界面

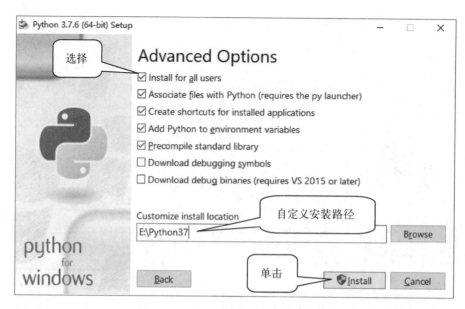

图 3-1-4 Python 安装高级选项界面

（4）单击"Install"按钮，开始安装，安装结束后出现如图 3-1-5 所示的安装完成界面。点击"Close"按钮，Python 安装完成。

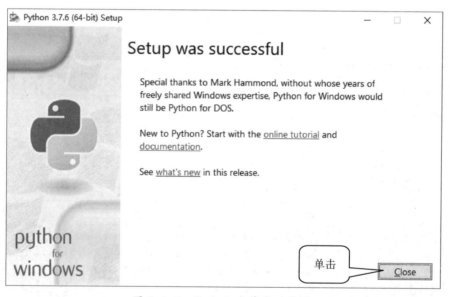

图 3-1-5 Python 安装成功界面

3. Python 运行环境验证

打开 cmd 命令行窗口，输入 python，出现如图 3-1-6 所示界面表示安装成功。输入 exit()，可以退出 python 运行环境。

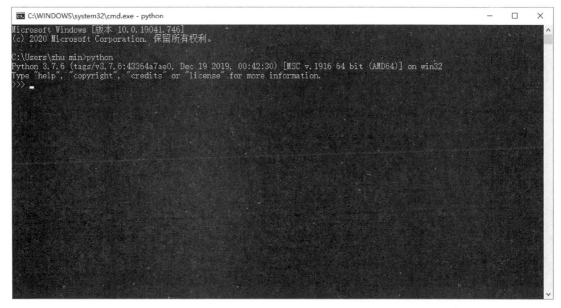

图 3-1-6　Python 安装验证通过界面

3.1.2　PyCharm IDE 搭建

1. 安装准备

PyCharm 是一个比较好的 Python 集成开发环境（Integrated Development Environment，IDE），PyCharm 有 Professiona 和 Community 两个版本，可通过 https：//www. jetbrains. com/pycharm/download/♯ section＝windows 下载安装，本教材选择 community 社区免费版的 PyCharm Community Edition 2020.1.2 版。

2. Pycharm 安装

（1）双击"pycharm-community-2020.1.2.exe"，弹出 PyCharm 安装开始界面，如图 3-1-7 所示。

（2）单击"Next"按钮，进入下一界面，如图 3-1-8 所示。选择安装目录，Pycharm 需要的内存较多，不建议放在系统盘 C 盘。

（3）单击"Next"按钮，进入下一界面，如图 3-1-9 所示。Create Desktop Shortcut 创建桌面快捷方式，选择 64-bit launcher；Create Associations 是否关联文件，选择". py"复选框，以后打开. py 文件会直接用 PyCharm 打开。

（4）单击"Next"按钮，进入下一界面，如图 3-1-10 所示。

（5）默认安装即可，直接点击"Install"按钮，耐心的等待两分钟左右，即出现如图 3-1-11 所示的安装完成界面。点击"Finish"按钮，Pycharm 安装完成。

图 3-1-7　PyCharm 安装开始界面

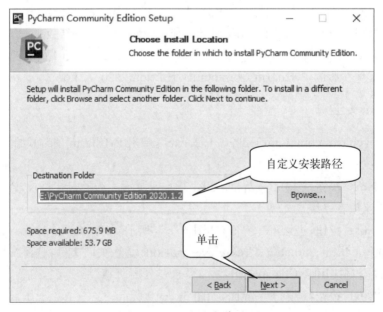

图 3-1-8　设置安装路径

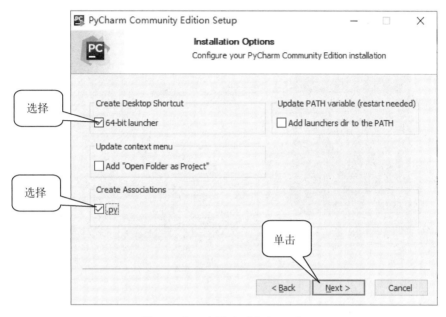

图 3-1-9　选择 64 bit launcher

图 3-1-10　安装界面

图 3-1-11　安装完成

3.2 移动应用开发环境搭建

3.2.1 JDK 开发环境搭建

1. 安装准备

Java 开发工具包(Java Development Kit,JDK)主要用于移动设备、嵌入式设备上的 Java 应用程序,JDK 中包含 Java 运行环境(Java Runtime Environment,JRE)。可从 Oracle 官网上免费下载 JDK 安装程序(www.oracle.com),如图 3-2-1 所示。本教材选用 Java SE Development Kit 8u201 版 Windows x64。

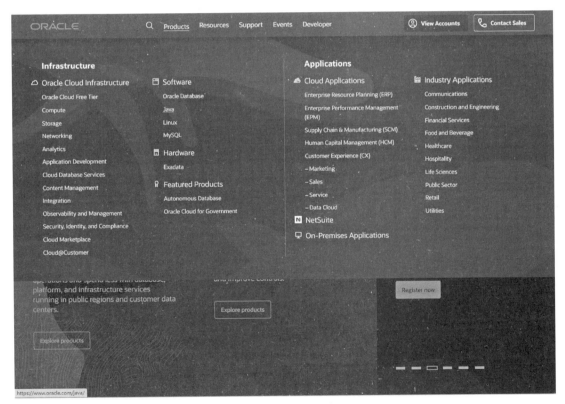

图 3-2-1 Oracle 官网

2. JDK 安装

(1) 双击"jdk-8u201-windows-x64.exe",弹出 JDK 安装开始界面,如图 3-2-2 所示。
(2) 单击"下一步"按钮,进入下一界面,如图 3-2-3 所示,选择所需要安装的功能。

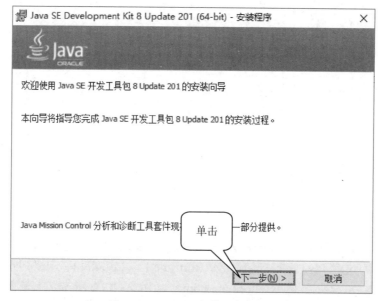

图 3-2-2　JDK 安装开始界面

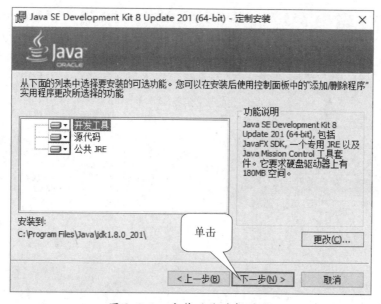

图 3-2-3　安装功能选择界面

(3) 单击"下一步"按钮,进入下一界面,如图 3-2-4 所示,选择安装路径。

(4) 单击"下一步"按钮,进入下一界面,如图 3-2-5 所示。

(5) 安装完成后,进入安装成功界面,如图 3-2-6 所示。单击"关闭"按钮,完成安装。

3. 环境变量配置

(1) 在桌面右击"此电脑",在快捷菜单中选择"属性"选项,打开系统配置情况界面,如图 3-2-7 所示。

(2) 单击"高级系统设置",弹出"系统属性"窗口,如图 3-2-8 所示。

(3) 单击"环境变量"按钮,弹出"环境变量"设置窗口,如图 3-2-9 所示。

图 3-2-4　安装路径选择界面

图 3-2-5　安装进度显示界面

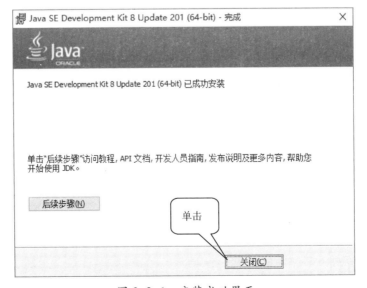

图 3-2-6　安装成功界面

图 3-2-7 系统配置情况界面

图 3-2-8 系统配置情况界面

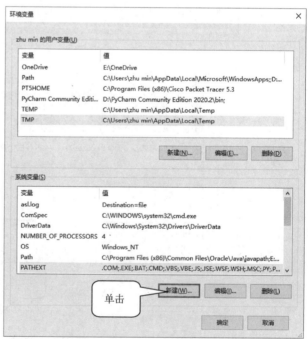

图 3-2-9 环境变量设置窗口

（4）新建 JAVA_HOME 系统变量，变量值为 JDK 安装路径，如图 3-2-10 所示。

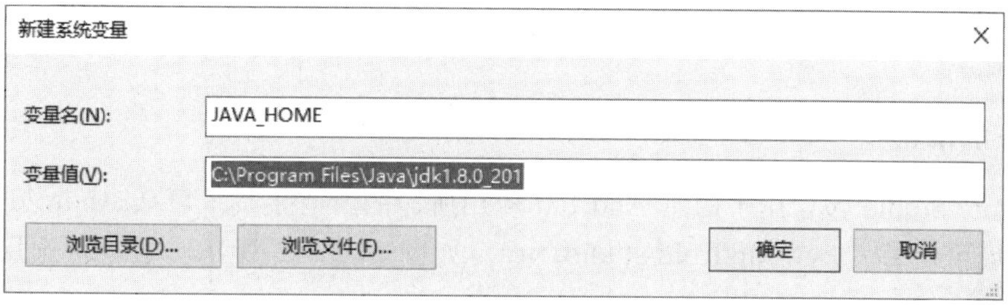

图 3-2-10　新建 JAVA_HOME 系统变量

（5）修改 Path 系统变量，在 Path 变量中增加两项，分别是"%JAVA_HOME%\bin"和"%JAVA_HOME%\jre\bin"，如图 3-2-11 所示。

图 3-2-11　修改 Path 系统变量

（6）新建 CLASSPATH 系统变量，在变量值栏添加 dt.jar 和 tools.jar 的路径，即变量值为.;%JAVA_HOME%\lib\dt.jar;%JAVA_HOME%\lib\tools.jar，如图 3-2-12 所示。

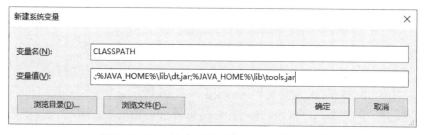

图 3-2-12　新建 CLASSPATH 系统变量

3.2.2　Android Studio 开发环境搭建

1. 安装准备

Android Studio 包含用于构建 Android 应用所需的所有工具。可从 Android Studio 官网上下载安装程序（www.android-studio.org），如图 3-2-13 所示。本教材选用 Android Studio 3.2 for windows 64-bit。

图 3-2-13　Android Studio 官网

2. Android Studio 安装

（1）双击"android-studio-ide-181.5014246-windows.exe"，弹出 Android Studio 安装开始界面，如图 3-2-14 所示。

（2）单击"Next"按钮，进入选择组件界面，如图 3-2-15 所示。

（3）单击"Next"按钮，进入选择安装路径界面，如图 3-2-16 所示。

（4）单击"Next"按钮，进入选择开始菜单文件夹界面，如图 3-2-17 所示。

（5）单击"Install"按钮，进入安装界面，如图 3-2-18 所示。

（6）安装完成，单击"Next"按钮，进入安装结束界面，如图 3-2-19 所示，单击"Finish"按钮，退出。

图 3-2-14　Android Studio 安装开始界面

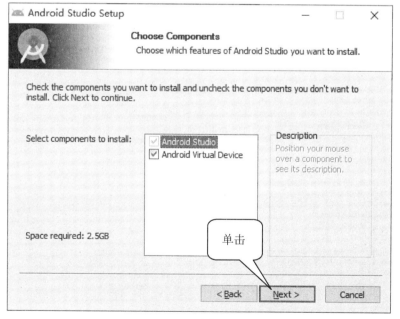

图 3-2-15　选择组件界面

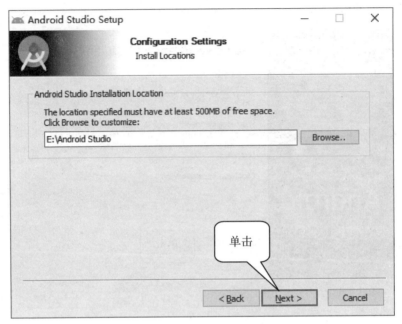

图 3-2-16 选择安装路径界面

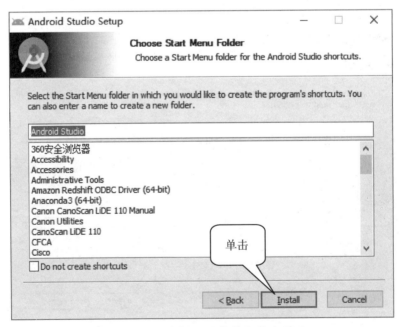

图 3-2-17 选择开始菜单文件夹界面

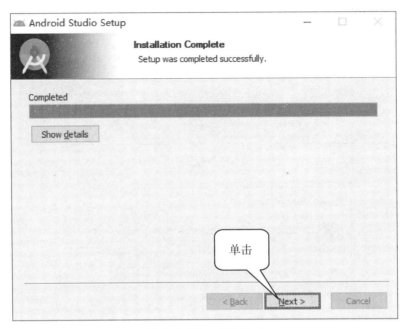

图 3-2-18　安装界面

图 3-2-19　安装界面

3. Android Studio 配置

（1）打开安装好的 Android Studio，进入完整安装界面，如图 3-2-20 所示，单击"OK"按钮，进入 Android Studio 首次运行界面，如图 3-2-21 所示。

（2）此时由于还没有安装 Android SDK，因此没有检测到 Android SDK。单击"Cancel"按钮，先进行 Android Studio 环境配置，如图 3-2-22 所示。

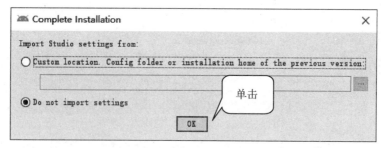

图 3-2-20　完整安装界面

图 3-2-21　Android Studio 首次运行界面

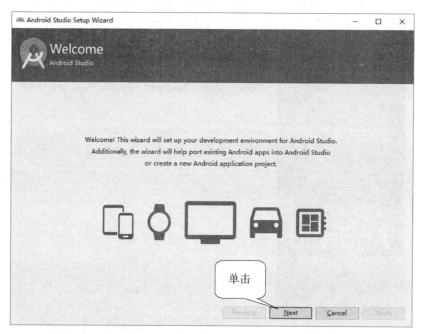

图 3-2-22　Android Studio 环境配置欢迎界面

（3）单击"Next"按钮，选择自定义安装配置，如图 3-2-23 所示。

（4）单击"Next"按钮，进入选择 UI 主题界面，如图 3-2-24 所示。

（5）单击"Next"按钮，进入 SDK 组件安装界面，如图 3-2-25 所示。定义 Android SDK Location，Android SDK Location 的文件夹不要含有中文字符，否则会出现警告。

（6）单击"Next"按钮，进入仿真器设置，如图 3-2-26 所示，选择需要分配的内存。

（7）单击"Next"按钮，进入配置验证，如图 3-2-27 所示，选择需要分配的内存。

（8）单击"Finish"按钮，开始下载 SDK 文件，如图 3-2-28 所示。

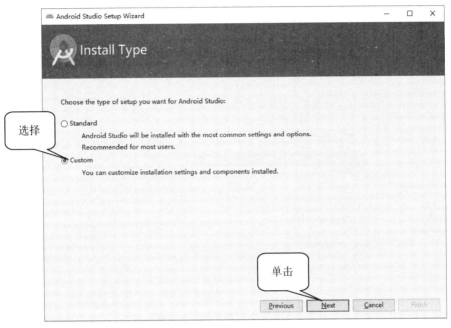

图 3-2-23　安装配置方式

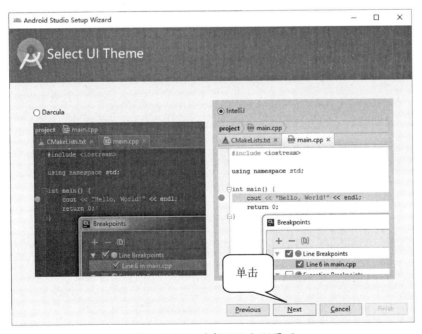

图 3-2-24　选择 UI 主题界面

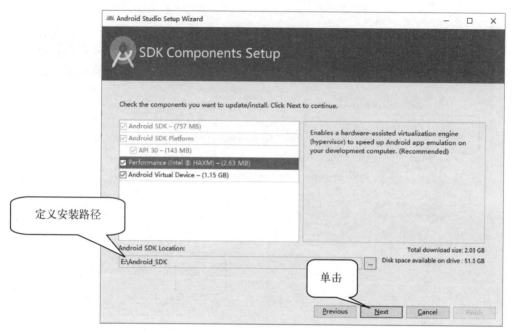

图 3-2-25　SDK 组件安装界面

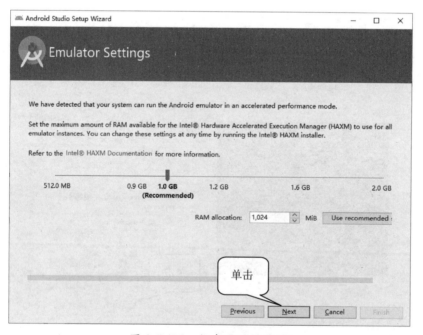

图 3-2-26　仿真器设置界面

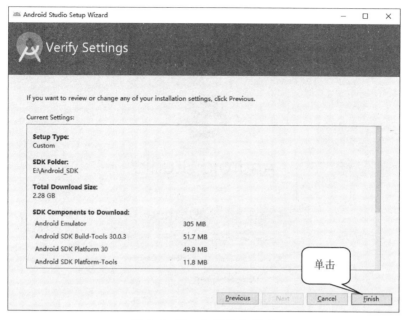

图 3-2-27 配置验证界面

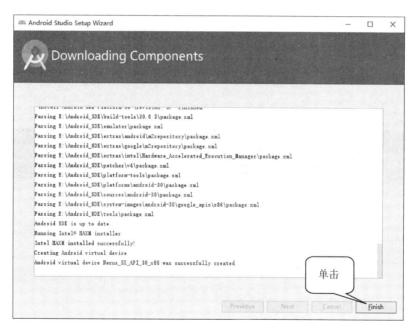

图 3-2-28 下载 SDK 文件

（9）单击"Finish"按钮，完成 SDK 文件下载，进入 Android Studio 开始界面，如图 3-2-29 所示。

（10）选择"Start a new Android Studio project"，进入创建新工程界面，如图 3-2-30 所示。

（11）单击"Next"按钮，进入定义 Android 目标设备界面，如图 3-2-31 所示。

（12）单击"Next"按钮，选择 Activity 界面，在此选择"Empty Activity"，如图 3-2-32 所示。

图 3-2-29　Android Studio 开始界面

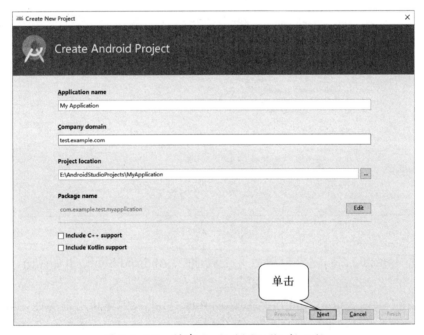

图 3-2-30　创建 Android Studio 新工程

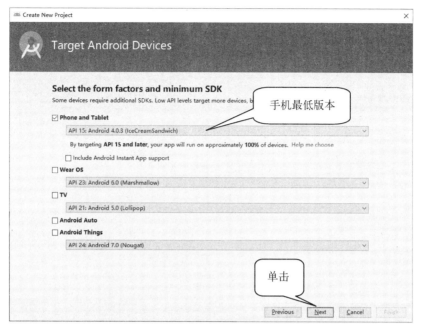

图 3-2-31　定义 Android 目标设备界面

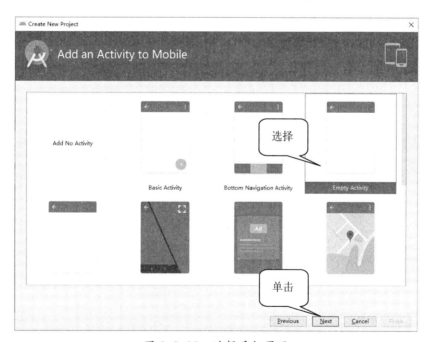

图 3-2-32　选择手机界面

（13）单击"Next"按钮，配置 Activity，如图 3-2-33 所示。
（14）单击"Next"按钮，下载需要的组件，如图 3-2-34 所示。
（15）组件下载完毕，单击"Finish"按钮，开始进程加载，如图 3-2-35 所示。
（16）进程下载完毕，单击"AVD Manager"按钮，开始安装模拟器，如图 3-2-36 所示。
（17）单击"Create Virtual Device…"按钮，选择想要下载的模拟器，如图 3-2-37 所示。
（18）单击"Next"按钮，选择系统映像，如图 3-2-38 所示。

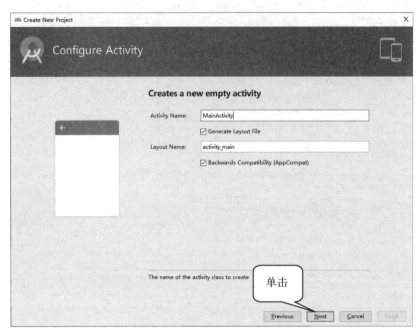

图 3-2-33　配置 Activity 界面

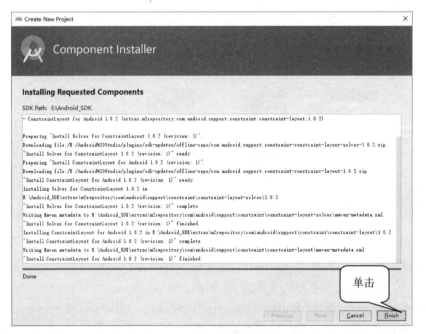

图 3-2-34　下载需要的组件

第 3 章 物联网开发环境搭建

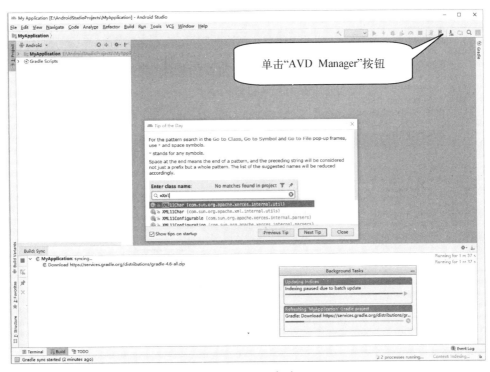

图 3-2-35 加载进程

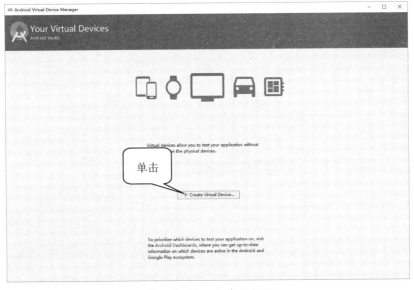

图 3-2-36 安装模拟器

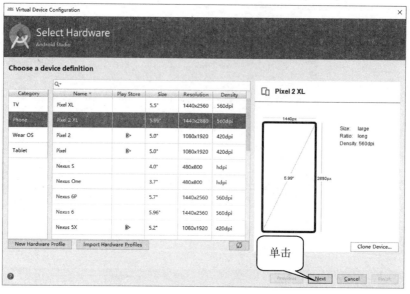

图 3-2-37 选择想要下载的模拟器

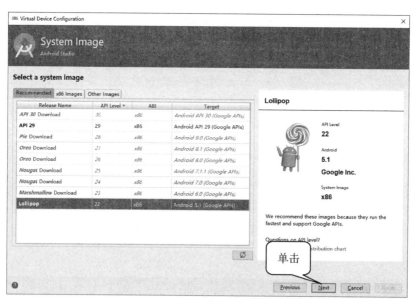

图 3-2-38 选择选择系统映像

(19）单击"Next"按钮，验证模拟器设置，如图 3-2-39 所示。

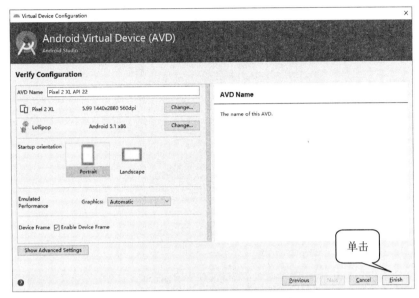

图 3-2-39　验证模拟器设置

(20）单击"Finish"按钮，完成模拟器安装，如图 3-2-40 所示。

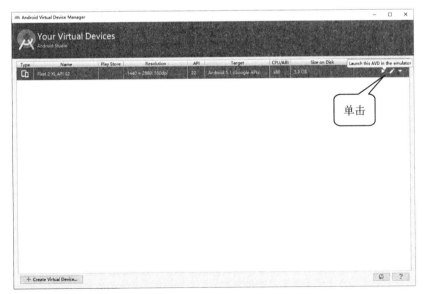

图 3-2-40　模拟器安装完成

（21）单击"Launch this AVD in the emulator"按钮，运行模拟器，出现如图 3-2-41 所示效果即安装配置成功。

图 3-2-41　模拟器安装配置成功

3.3 MySQL 开发环境搭建

3.3.1 MySQL 安装包下载

MySQL 是一款开源免费的数据库管理系统。MySQL 体积小、运行速度快,可移植性强,可运行于多种系统平台上,适用于中小型企业。可从 MySQL 的官方网页下载需要的版本(https://dev.mysql.com/downloads/mysql)。本教材选用 MySQL-8.0.19 for Windows 版,如图 3-3-1 所示。下载得到文件: mysql-installer-community-8.0.19.0.msi

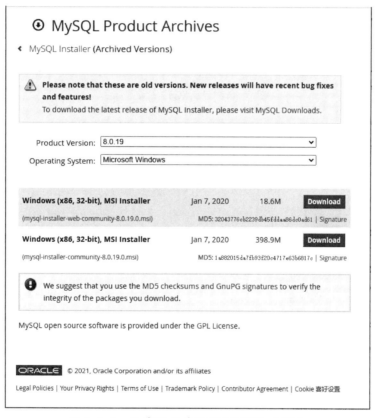

图 3-3-1 从官网免费下载 MySQL 安装包

3.3.2 MySQL 安装及配置

(1) 双击"mysql-installer-community-8.0.19.0.msi",进入 MySQL 安装界面,选择安装类型,如图 3-3-2 所示。

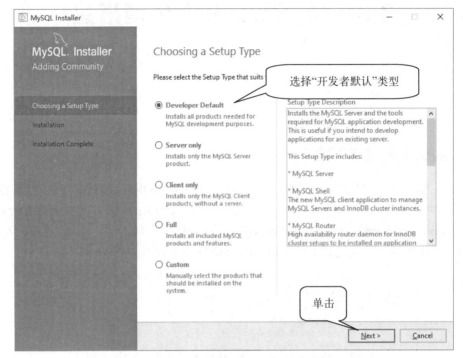

图 3-3-2　MySQL 安装界面

（2）选择"Developer Default"选项，单击"Next"按钮，进入"Check Requirements"界面，如图 3-3-3 所示。

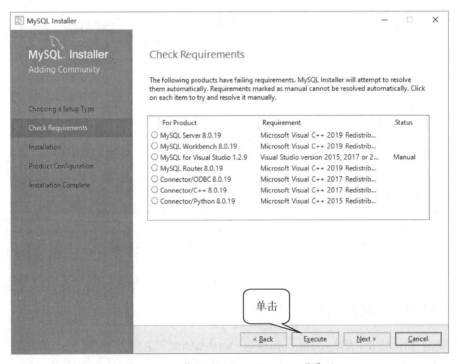

图 3-3-3　"Check Requirements"界面

(3)单击"Execute"按钮,进行所需项目安装,安装完成后,单击"Next"按钮,进入"Installation"界面,如图 3-3-4 所示。

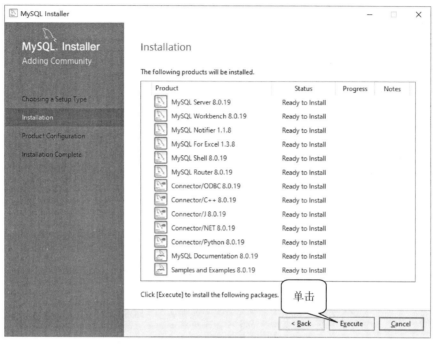

图 3-3-4 "Installation"界面

(4)单击"Execute"按钮,安装如图 3-3-4 所示的所有部件,安装完成界面如图 3-3-5 所示。

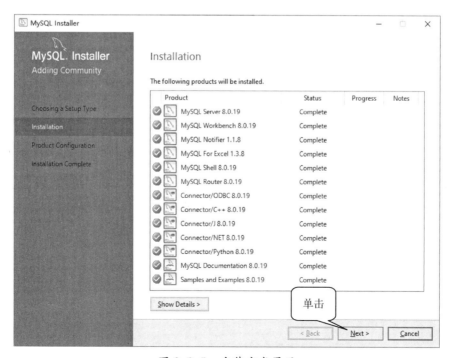

图 3-3-5 安装完成界面

(5) 单击"Next"按钮,进入"Product Configuration"环节,如图 3-3-6 所示。

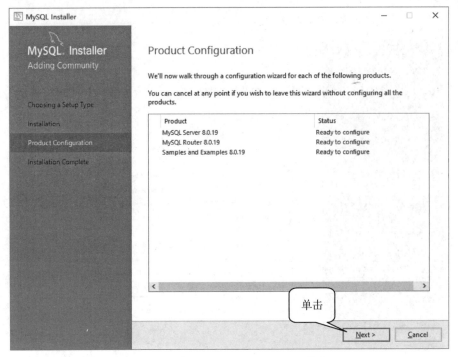

图 3-3-6 "Product Configuration"界面

(6) 单击"Next"按钮,进入"High Availability"界面,如图 3-3-7 所示。

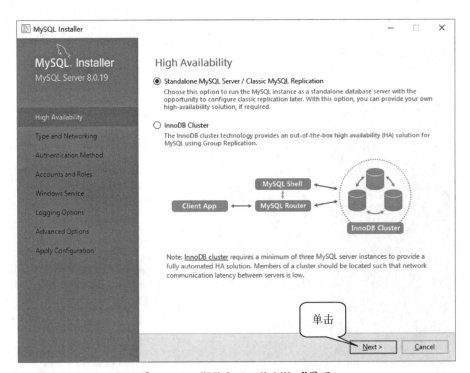

图 3-3-7 "High Availability"界面

（7）单击"Next"按钮，进入"Type and Networking"界面，进行服务器类型和网络连接设置，如图 3-3-8 所示。

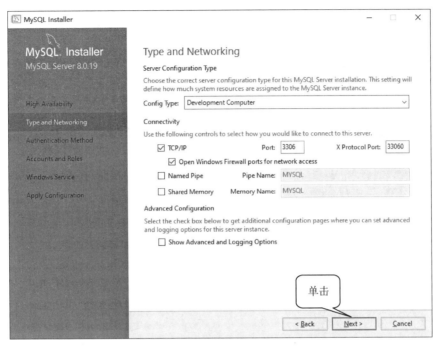

图 3-3-8　"Type and Networking"界面

（8）一般选择默认设置。单击"Next"按钮，进入"Authentication Method"界面，如图 3-3-9 所示。

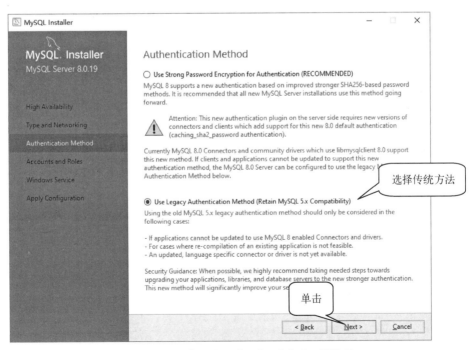

图 3-3-9　"Authentication Method"界面

(9) 选择"Use Legacy Authentication Method"选项,以保证和早期 MySQL5.X 版本的兼容性。单击"Next"按钮,进入"Accounts and Roles"界面,进行系统默认用户"Root"的密码设置,该密码很重要,务必牢记,以后需要使用该密码连接数据库。如需添加新用户,可通过单击"Add User"按钮添加。如图 3-3-10 所示。

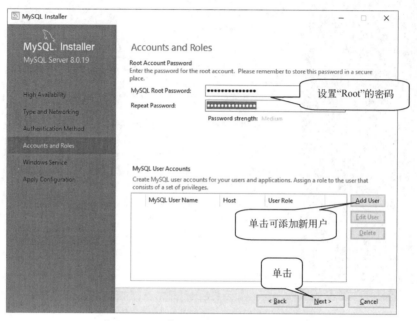

图 3-3-10 "Accounts and Roles"界面

(10) 接下来的设置,选择默认选项即可,即单击"Next"或"Execute"或"Finish"按钮。直到进入"Connect To Server"界面,输入前面设置的"Root"的密码,单击"Check"按钮,当"Status"状态出现"Connection succeeded"如图 3-3-11 所示。

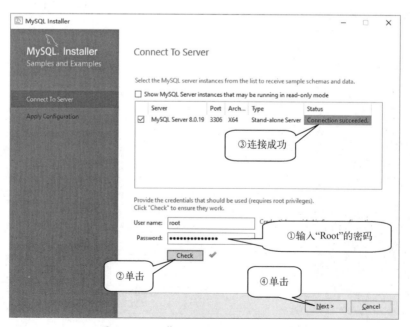

图 3-3-11 "Connect To Server"界面

（11）单击"Next"按钮，接下来进入应用设置，选择默认选项即可，即单击"Next"或"Execute"按钮，直到出现"Installation Complete"界面。如图 3-3-12 所示。

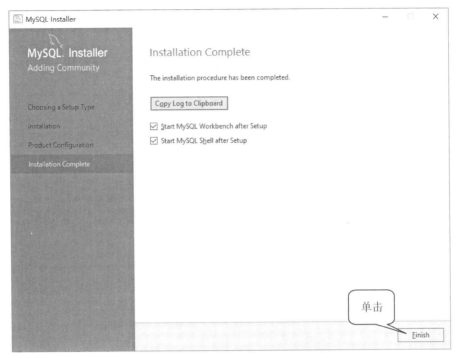

图 3-3-12　"Installation Complete"界面

（12）单击"Finish"按钮，完成 MySQL 的安装，同时启动 MySQL。如图 3-3-13 所示。输入"\quit"退出 MySQL。

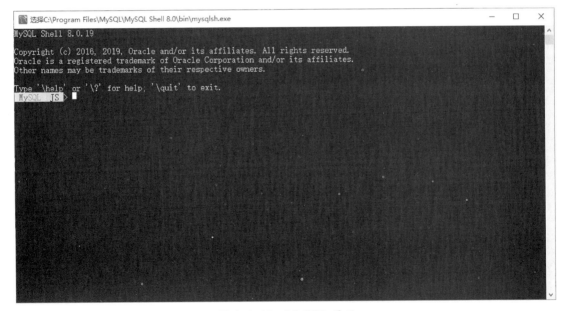

图 3-3-13　MySQL 界面

3.4 本章习题

3.4.1 单选题

1. 关于 Python,描述正确的是_____。
   A. Python 是一种简单的、解释型的、面向过程的高级编程语言
   B. Python 是一种比较复杂的、编译型的、面向对象的高级编程语言
   C. Python 是一种简单的、解释型的、面向对象的高级编程语言
   D. Python 是一种比较复杂的、编译型的、面向过程的高级编程语言
2. 关于 PyCharm,描述错误的是_____。
   A. PyCharm 是一款比较优秀的 Python 集成开发环境
   B. Windows 系统自带 PyCharm,不需要安装即可使用
   C. PyCharm 有 Professiona 和 Community 两个版本
   D. PyCharm 的 Community 版是免费的
3. 关于 Java 开发工具包,描述错误的是_____。
   A. JDK 主要用于移动设备、嵌入式设备上的 Java 应用程序
   B. JDK 中包含 JRE
   C. JDK 是 Java Development Kit 的缩写
   D. JDK 安装后可以直接使用
4. 关于 MySQL,描述正确的是_____。
   A. MySQL 是一款开源免费的数据库管理系统
   B. MySQL 适用于大型企业
   C. MySQL 体积小、运行速度快,但不可移植
   D. MySQL 虽然体积小、但运行速度并不快

3.4.2 填空题

1. Windows 配置 JDK 环境变量 JAVA_HOME 的值为_____安装路径。
2. Android _____ Location 的文件夹不要含有中文字符。

3.4.3 实践题

1. 下载并搭建 Python 开发环境和 PyCharm IDE。
2. 下载并搭建 JDK 和 Android Studio 开发环境。
3. 下载并搭建 MySQL 开发环境。

本 章 小 结

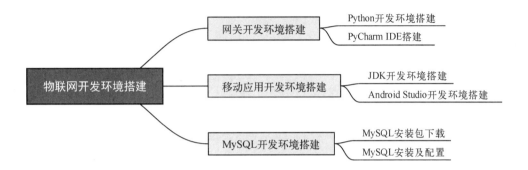

PART 04

第4章 物联网网关开发

<本章概要>

物联网技术作为新一代信息技术目前在各行各业广泛应用,物联网网关在其中扮演着非常重要的角色。本章介绍物联网的网关开发及在运行中的信息跟踪,内容包括:
- 物联网网关的相关概念;
- 智能灯光控制系统的网关开发;
- 智能酒店控制系统的网关开发;
- 创建日志记录文件;
- 用户操作记录数据库。

<学习目标>

完成本章学习后,要求掌握如表 4-1 所示的内容。

表 4-1 知识能力表

本单元的要求	知　识	能　力
网关、物联网网关	理解	
物联网网关的功能	理解	
物联网网关工程创建	掌握	熟练
物联网网关程序设计	掌握	熟练
模拟器数据获取	掌握	熟练
应用接口数据联动	掌握	熟练

4.1 物联网网关概述

随着信息技术的不断发展,物联网已经渗透到了人们生产、生活的各个领域。物联网网关在物联网中起到至关重要的角色,它是连接传感网络与传统通信网络的纽带。物联网网关可以实现感知网络和基础网络以及不同类型的感知网络之间的协议转换。

4.1.1 认识物联网网关

1. 网关

网关(Gateway)又称网间连接器、协议转换器。网关在传输层上实现网络互连,是复杂的网络互连设备,仅用于两个高层协议不同的网络互连。网关既可以用于广域网互连,也可以用于局域网互连。

在互联网中,网关是一种连接内部网与互联网上其它网络的中间设备,也称"路由器"。

网关和路由器的相似之处在于它们都可用于调节两个或多个独立网络之间的流量。但是,路由器用于连接两个相似类型的网络,网关用于连接两个不同的网络。由于这种逻辑,路由器可能被视为网关,但网关并不总是被视为路由器。路由器是最常用的网关,用于将家庭或企业网络连接到互联网。

2. 物联网网关

在物联网的体系架构中,在感知层和网络层两个不同的网络之间需要一个中间设备,那就是"物联网网关"。物联网网关是专用的硬件设备或软件程序。物联网网关能够把不同的物体收集到的信息整合起来,并且把它们传输到下一层次,这样,信息才能在各部分之间相互传输。物联网网关可以实现感知网络与通信网络,以及不同类型感知网络之间的协议转换;既可以实现广域互联,也可以实现局域互联,其广泛应用于智能家居、智能社区、智能医疗、智能交通等各行各业。

此外,物联网智能网关还具备设备管理功能,运营商通过物联网智能网关可以管理底层的各感知节点,了解各节点的相关信息,并实现远程控制,特有的物联网边缘计算能力,让传统工厂在数字化转型的过程中实现了更为快速、精准的数据采集及传输。

4.1.2 物联网网关的功能

1. 广泛的接入能力

目前用于近程通信的技术标准很多,仅常见的 WSN 技术就包括 LonWorks、ZigBee、6LowPAN、RUBEE 等。各类技术主要针对某一应用展开,缺乏兼容性和体系规划,如

LonWorks 主要应用于智能社区，RUBEE 适用于恶劣环境。如何实现协议的兼容性、接口和体系规划，目前在国内外已经有多个组织在开展物联网网关的标准化工作，如 3GPP（Third Generation Partnership Project，第三代合作伙伴计划）、传感器网络标准工作组，以实现各种通信技术标准的互联互通。

2. 可管理能力

强大的管理能力，对于任何大型网络都是必不可少的。首先要对网关进行管理，如注册管理、访问控制、服务集成、状态监测等。网关实现子网内节点的管理，如获取节点的属性、状态等，以及对节点的远程控制、唤醒、诊断和数据传输等。由于子网的技术标准不同，协议的复杂性不同，所以网关具有的管理能力不同。物联网网关可以管理不同的感知网络、不同的应用，使用统一的管理接口技术对网络节点进行统一管理。

3. 协议转换能力

由于不同类型的感知网络与接入网络有不同的协议，各个协议之间不能直接进行通信。物联网网关可以实现从不同的感知网络到接入网络的协议转换，将下层的标准格式的数据统一封装，保证不同的感知网络的协议能够变成统一的数据和信令；将上层下发的数据包解析成感知层协议可以识别的信令和控制指令进行数据的传输。

4.2 智能灯光控制系统的网关开发

随着信息技术的发展,物联网技术与传统行业的联系愈发紧密,其中智能家居已成为物联网应用的成功案例之一。而智能灯光作为智能家居必不可少的组成部分,是家庭智能化的重要手段和体现。

4.2.1 功能概述

智能灯光的开关控制可以通过光照传感器采集光照强度,以此作为判断灯光开关的条件,同时通过远程客户端进行开关控制。

4.2.2 功能设计

1. 系统框架

智能灯光模拟系统框架如图 4-2-1 所示。

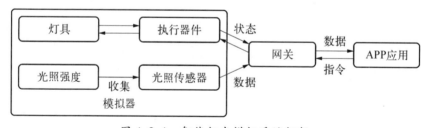

图 4-2-1 智能灯光模拟系统框架

2. 安卓模拟器

本书中提到的模拟器是安装在 PC 中的模拟安卓手机运行的软件,用来测试本章开发的网关功能是否正确。目前市面上主流的安卓模拟器主要有腾讯、mumu、蓝叠、逍遥、雷电、夜神等,本节将以蓝叠模拟器为例进行演示。

(1) 到互联网搜索并下载蓝叠模拟器,根据提示安装在 PC 中,启动界面如图 4-2-2 所示。

(2) 将配套资源\第 4 章\4_2\Client\Client.apk 文件拖放到蓝叠模拟器中,即实现 APP 安装,在上图模拟器界面中会出现如图 4-2-3 所示图标,后续测试时,只需在模拟器中单击该图标即可启动客户端应用程序。

(3) 蓝叠模拟器初始的屏幕方向为横向,为了能正确显示 APP 应用程序的内容,有时需要旋转屏幕方向。本书中所有 APP 应用程序案例均采用纵向方式,因此需要在模拟器右侧的工具栏中依次点击"展开""旋转屏幕",如图 4-2-4 所示。

图 4-2-2　蓝叠模拟器启动界面

图 4-2-3　客户端 APP 图标

图 4-2-4　旋转屏幕方向

3. 网关工作流程

（1）目标地址（网关）接收传感器数据；
（2）网关能对光源信息做出正确判断，控制灯光的开关并发送数据信息到客户端；
（3）客户端发送请求登录数据到网关，通过验证后显示灯光状态并可以远程控制灯光开关。
在模拟器客户端 APP 中会出现如图 4-2-5 所示的灯光控制效果。

图 4-2-5　灯光控制效果

4.2.3　功能实施

1. 使用 PyCharm 创建新工程

读者需要安装 python3.x 和 PyCharm Community Edition。
（1）打开 PyCharm Community Edition，点击左上角 file，单击 New Project，在 Location 处将 untitled 改名为 IOTExamDemoServerPythonSide，如图 4-2-6 所示，单击 Create，等待工程创建完毕。
（2）右键 venv 创建 Demo 文件夹，再右键 Demo 创建 Python File 将其命名为 Demo.py。工程结构如图 4-2-7 所示，项目存放在 C:\PyCharmProject\IOTExamDemoServerPythonSide。

2. 传感器与客户端网关地址设置

（1）创建 config.txt 文本文件，用于存放网关的 IP 地址、用户名和密码。找到路径 C:\PyCharmProject\IOTExamDemoServerPythonSide\venv\Demo\，新建文本文件，格式如图 4-2-8 所示。
（2）修改 IP 地址为本机实际 IP 地址，用户名为 user1，密码为 pwd1，保存，将文本文件命名为 config.txt。IP 地址具体查看方式为按<Win>+<R>组合键，调出"运行"窗口，输入"cmd"打开命令提示符，输入"ipconfig"按回车键，当前正在使用的网络 IPv4 地址即为本机实际 IP 地址。保存文本文件后工程结构如图 4-2-9 所示。

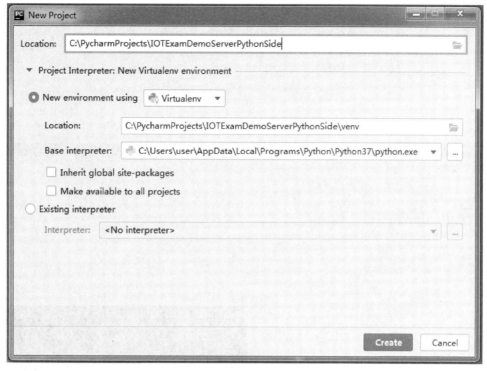

图 4-2-6 新建工程

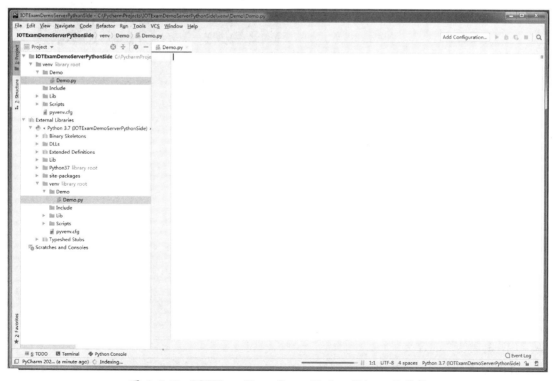

图 4-2-7 IOTExamDemoServerPythonSide 工程结构

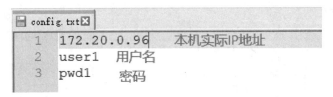

图 4-2-8　config.txt 文件示例

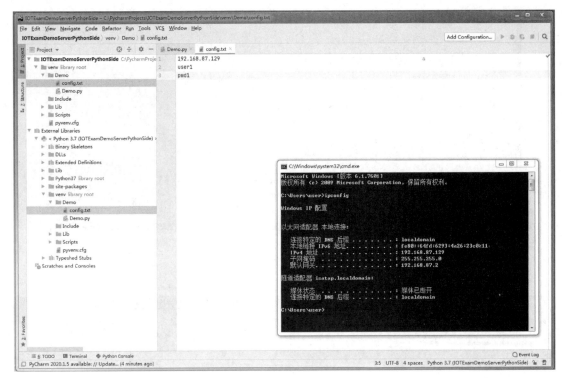

图 4-2-9　IOTExamDemoServerPythonSide 工程结构

3. 网关功能程序编写

在 Demo.py 文件中完成以下功能：
（1）导入各种必备库。
代码如下：

```
import socket
import json
import time
import _thread
```

（2）全局变量的定义。

在网关进行通信时需用到三个变量，dataFromSource 为从数据源获得的数据，ip 为网关的 IP 地址，status 为判断外部光源传感器的变量，代码如下：

dataFromSource = ''
ip = ''
status = ''

（3）从获得 config.txt 中获取 IP 地址（get_ip 函数）。

代码如下：

def get_ip()：
    global ip
    # 全局变量使用声明（在 Pyhton 里，若不声明使用的是全局变量，则默认是局部变量，否则会报错）
    f = open('config.txt')
    # 打开 config.txt
    ip = f.readline().replace('\n','')
    # 读第一行写到变量 ip 上
    f.close()
    # 关闭文本文档

> **知识拓展：socket 介绍**
>
> socket 也称作"套接字"，用于描述 IP 地址和端口，是一个通信链的句柄。应用程序通常通过"套接字"向网络发出请求或者应答网络请求，都用"打开 open—＞读写 write/read—＞关闭 close"模式来操作。socket 就是该模式的一个实现，socket 即是一种特殊的文件，一些 socket 函数就是对其进行的操作（读/写 IO，打开、关闭）。

（4）从数据源获取数据（getData 函数）。

通过数据源模拟传感器的数据信息，网关的任务是负责接收并处理信息，接收需要使用 Python 套接字接收 TCP 流并转化成字符串使用，数据源的使用将在本节最后予以展示，接下来还要添加对数据的判断，从而完成对灯光智能开关的效果，在日常生活中，当环境亮度低于一定的亮度是肯定需要开灯的，这时将这个外部光源传感器能探测到的亮度值设置为 100，当外部光源过亮的时候，室内就无需再开灯，这时将外部光源传感器能探测到的亮度值设置为 400，在区间 100 至 400 时则灯的开关无需智能处理，灯光智能判断代码如下：

def getData()：
while True：
    global dataFromSource, status
    # dataFromSource, status 与 ip 一样需要声明全局变量
    s = socket.socket(socket.AF_INET, socket.SOCK_STREAM)
    # 网络通讯（TCP/IP－IPv4，TCP 流）
    s.connect((ip, 10068))
    # 主动初始化 TCP 服务器连接，如果连接出错，返回 socket.error 错误。
    s.send(b'find\n')
    # 发送 TCP 数据，将 string 中的数据发送到连接的套接字。返回值是要发送的字

节数量,该数量可能小于 string 的字节大小。

```
            dataFromSource = s.recv(4096).decode("utf-8")
            # 接收 TCP 数据,数据以字符串形式返回,bufsize 指定要接收的最大数据量。
            dataFromSource = eval(dataFromSource)
            # 字符串转化为字典
            if(int(dataFromSource['0200']) < 100):
                status = {'0201':'1','0202':'1','0203':'1'}
            else:
                if (int(dataFromSource['0200']) > 400):
                    status = {'0201':'0','0202':'0','0203':'0'}
            dataFromSource.update(status)
            # 字典更新
            dataFromSource = str(dataFromSource)
            # 字典转化为字符串
            s.close()
            # 关闭连接
            time.sleep(9)
            # 间隔 9 秒执行
            # 网关暂存当前数据并待命,其中 dataFromSource 则用来暂存。
```

知识拓展:字典

在 Python 中,字典是一系列"键-值对",每个键都与一个值相关联,可以使用键来访问与之相关联的值。与键相关联的值可以是数字、字符串、列表乃至字典。事实上,可将任何 Python 对象用作字典中的值。"键-值对"是两个相关联的值。指定键时,Python 将返回与之相关联的值。键和值之间用冒号分隔,而"键-值对"之间用逗号分隔。在字典中,可以存储任意数量的"键-值对"。

---

(5) 网关检测客户端登录合法性(clientComm 函数)。

网关不仅要接收数据源发出的数据信息,还需要与客户端建立通讯,才能将客户端上的请求传输到网关,合法的用户被保存在 config.txt 中,此时需要网关来检验用户合法性,以及开启线程保持与客户端的通讯,线程发送信息到客户端线程,代码如下:

```
def clientComm():
    f = open('config.txt')
    # 打开 config.txt
    f.readline()
    # 读行
    allowedUser = dict(username = f.readline().replace('\n',''), password = f.readline().replace('\n',''))
    # 创建字典-可登录用户名和密码
    print('可登录用户--',allowedUser)
```

\# 在控制台上打印可登录用户
f.close()
\# 关闭文本
s = socket.socket(socket.AF_INET, socket.SOCK_STREAM)
\# 网络通讯(TCP/IP-IPv4,TCP 流)
s.bind((ip, 10067))
\# 绑定地址(host,port)到套接字。
s.listen(1000)
\# 开始 TCP 监听。backlog 指定在拒绝连接之前,操作系统可以挂起的最大连接数量。

while True:
  cs, addr = s.accept()
  \# 被动接受 TCP 客户端连接,(阻塞式)等待连接的到来
  user = json.loads(cs.recv(2048).decode("utf-8"))
  \# 将已编码的 JSON 字符串解码为 Python 对象
  print('user:', user, 'is log in from:', addr)
  \# 打印正在从客户端登录的用户信息
  if user['username'] == allowedUser['username'] and user['password'] == allowedUser['password']:
    \# 判断客户端输入的用户名密码是否正确
    print('user--',user,'log in successfully, reply:1.')
    \# 若正确则登录成功
    cs.send(b'1\n')
    \# 发送 TCP 数据,将 string 中的数据发送到连接的套接字。
    _thread.start_new_thread(sendToClient, (cs, ip))
    \# 建立新线程运行 sendToClient 模块
  else:
    print('user--',user,'log in failed, reply:0.')
    \# 打印登录失败的用户
    cs.send(b'0\n')
    \# 发送 TCP 数据,将 string 中的数据发送到连接的套接字。
    cs.close()
    \# 关闭连接 cs
s.close()
\# 关闭总连接

(6) 从网关转发数据源信息到客户端(sendToClient 函数)。

用户成功登录后,发送线程被打开,网关需要周期性的向客户端发送传感器数据,客户端才能获取实时数据,从而实现数据可视化,代码如下:

```
def sendToClient(s, user):
    print("A send thread is created for user－－", user)
    # 提示执行 sendToClient 函数,用户将创建一个发送线程
    while True:
        s.send((str(dataFromSource) + '\n').encode('UTF-8'))
        # 数据源以 UTF-8 编码字符串形式发送出去
        print('数据：', dataFromSource, '发送给 ip', ip)
        # 提示数据已成功发送
        time.sleep(7)
        # 间隔 7 秒执行
```

（7）Python 主函数(main 函数)。

一段具有多功能模块的代码要运行需要有一个主函数,程序执行时就是运行主函数,而不是一个个的功能函数(函数没有先后顺序),将需要运行的功能模块作为主函数的代码,写好放在整段代码末尾或者开头,代码如下：

```
def main():
    get_ip()
    # 先获得网关 ip 地址
    print('服务器启动,ip：' + ip + ',数据源通信端口：10068,客户端通信端口：10067')
    # 控制台打印网关信息
    _thread.start_new_thread(getData, ())
    # 开启 getData 线程则功能模块会一直运行
    clientComm()
    # 使用客户端与网关通讯模块
```

（8）使程序运行主函数。

要运行主函数,还得加上一句让程序开始的时候就直接找到主函数开始运行,代码如下：

```
if __name__ == '__main__':
    main()
```

至此为止网关程序代码部分编写完成,接下来是设置数据源和使用客户端,从而将网关的功能完整体现。

4. 设置数据源和使用客户端

（1）准备工作。网关接收的数据通过仿真实现,执行"配套资源\第 4 章\4_2\DataSource\server.exe",等待出现如图 4-2-10 所示界面说明数据源启动成功。

（2）添加运行配置。单击 PyCharm 右上角 Add Configuration,单击加号,选择 Python,找到 Demo.py 脚本路径,正确的路径如图 4-2-11 所示。

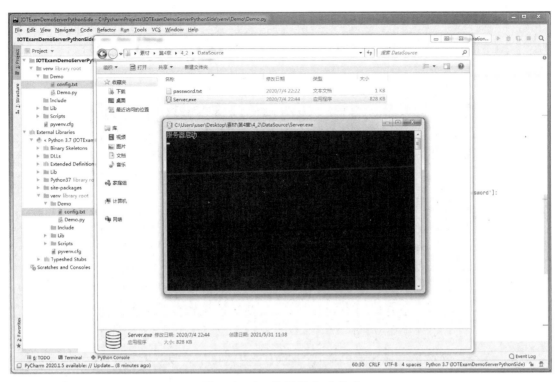

图 4-2-10　数据源启动成功

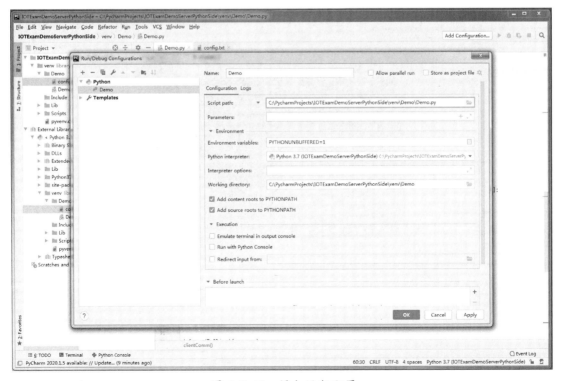

图 4-2-11　添加运行配置

单击"Apply"按钮后再单击"OK"按钮,则右上角显示当前 Demo 可以运行,单击绿色"开始"按钮运行,当出现图 4-2-12 所示界面时,表示服务端启动成功且与数据源连接成功,当 PyCharm 控制台出现图 4-2-13 所示信息时,表示 Demo 运行正常,此时等待客户端运行。

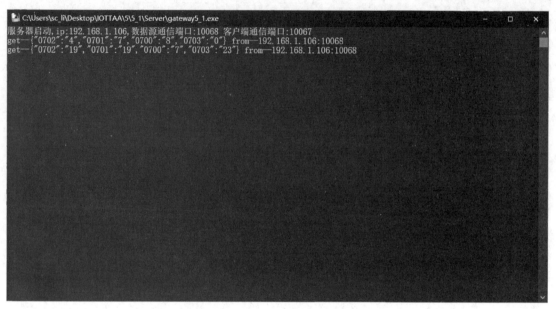

图 4-2-12 服务端启动成功

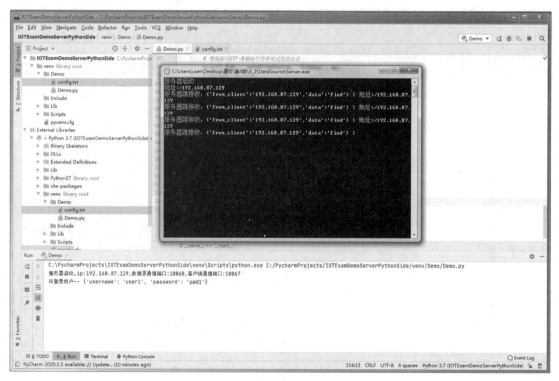

图 4-2-13 Demo 运行后控制台

（3）通过模拟器执行"配套资源\第 4 章\4_2\Client\Client.apk"后运行此 app，运行界面如图 4-2-14（左）所示，此时输入用户名为 user1，输入密码为 pwd1，输入 IP 地址本机为 IPv4 地址，端口号为 10067，输入完毕后按"登录"按钮，若提示登录失败说明输入有误，请重新输入，登录成功后，界面如图 4-2-14（右）所示，此时界面上已有外部光源信息，以及三个灯源开关状态，当外部光源数值小于 100 时，则三个灯源都会开启，确保室内亮度正常，在光源值区间为 100—400 之间，光源不改变开关状态，当数值大于 400 时，因外部光线较好，灯泡熄灭，家居灯光自动控制系统模拟完毕，运行结束后需要关闭客户端、数据源以及网关，以防数据溢出。

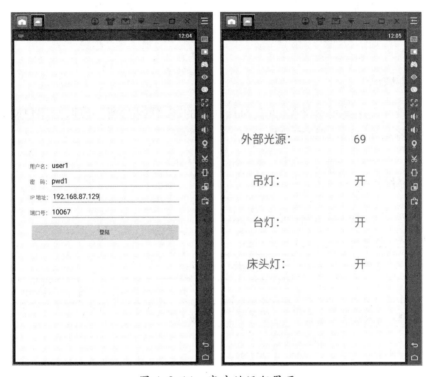

图 4-2-14　客户端运行界面

4.3 智能酒店控制系统的网关开发

伴随着物联网技术的发展,旅行不只是看风景,也是体验另一种生活方式。作为旅行途中不可或缺的住宿环节,酒店也不再仅仅是休息的场所,更多的是承载着新的生活方式的空间,智能酒店为旅客提供了更舒适的住宿体验和高质量的服务。

4.3.1 功能概述

客户端登录并发送请求给网关,网关对接收到的环境数据进行处理,当用户验证正确时,将数据发送给客户端,客户端接收并显示。

4.3.2 功能设计

智能酒店模拟系统框架如图 4-3-1 所示。

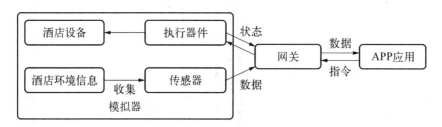

图 4-3-1 智能酒店模拟系统框架

如图 4-3-2 所示,酒店内设有温度传感器、湿度传感器、光照强度传感器、气压传感器、PM2.5 传感器,为了智能控制环境以达到舒适居住的目的,通过多个传感器采集各个设备数据,网关接收数据,对环境状态做出判断,从而实现酒店设备智能控制。

传感器类型	数量	最小值	最大值
温度传感器	1	0	35
湿度传感器	1	20	90
光照强度传感器	1	0	700
气压传感器	0	8000	11000
PM2.5传感器	1	0	200

图 4-3-2 酒店内传感器部署情况

4.3.3 功能实施

1. 使用 PyCharm 打开工程

使用 PyCharm 打开 4.2 节已完成的存放在 C：\PyCharmProject\下的工程：IOTExamDemoServerPythonSide，工程主要结构如图 4-3-3 所示。

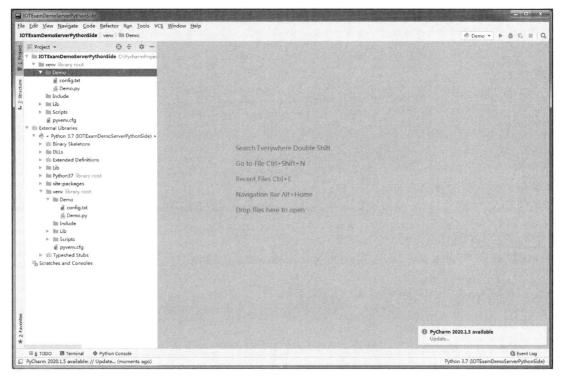

图 4-3-3　IOTExamDemoServerPythonSide 工程结构

2. 配置文件

如图 4-3-4 所示，服务器启动前首先确保传感器网关地址正确，config.txt 文件配置与4.2节相同，存放地址为 C：\PyCharmProject\IOTExamDemoServerPythonSide\venv\Demo\config.txt。

3. 设备智能控制逻辑分析

（1）室内温度智能调节。

人体的舒适温度在 25 度上下，温度传感器可以感知房间内温度，从而控制中央空调出暖风还是出冷风或不出风，以保证室温在 25 度左右，逻辑如下：

Begin
获得室内温度
IF 室内温度＞28 度 THEN 中央空调吹冷气

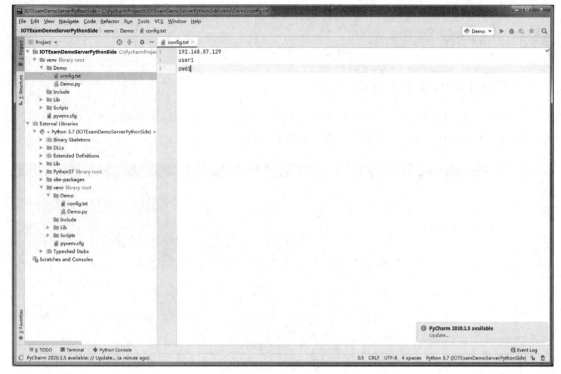

图 4-3-4 config.txt 文件

  ELSE IF 室内温度＜22 度 THEN 中央空调吹暖气
    ELSE 关闭空调
    END IF
END IF

如图 4-3-5 所示此时室内温度传感器检测到室温,自动选择空调的运行状态。

图 4-3-5 三种空调运行状态

(2) 空气智能加/除湿。

  空气干湿程度也是影响人们日常生活舒适度的一大重要因素,过低的湿度和过高的湿度,都会使人体感到不适,久而久之产生慢性疾病。智能控制加湿器,在空气湿度高时开启除湿功能,在空气湿度低时开启加湿功能,逻辑如下:

Begin
获得室内湿度
IF 室内温度＞55% THEN 开启加湿器除湿功能
ELSE IF 室内温度＜40% THEN 开启加湿器加湿功能
  ELSE 关闭加湿器
  END IF

END IF

如图4-3-6所示,当前湿度过低则空气加湿器开启加湿功能,当前湿度过高则空气加湿器开启除湿功能,当空气湿度重新恢复到40—55时,则空气加湿器自动关闭。

图 4-3-6　三种加湿器工作状态

(3) 室内灯具自动化。

在日常生活中,当环境低于一定的亮度是需要开灯,这时将这个外部光源传感器能探测到的亮度值设置为300,当外部光源过亮的时候,室内无需再开灯,这时将外部光源传感器能探测到的亮度值设置为700,在区间300至700时则灯的开关无需智能处理,逻辑如下。

Begin
获得室外光源强度数值
IF 室外光源强度数值<300 THEN 打开室内灯具
ELSE IF 室外光源强度数值>700 THEN 关闭室内灯具
　　END IF
END IF

如图4-3-7所示,室外光线极低时,则室内灯光呈开启状态,室外光逐渐升高时,灯具不产生变化,当室外亮度足够支撑内部光照时,则使用室外光,室内灯具关闭。

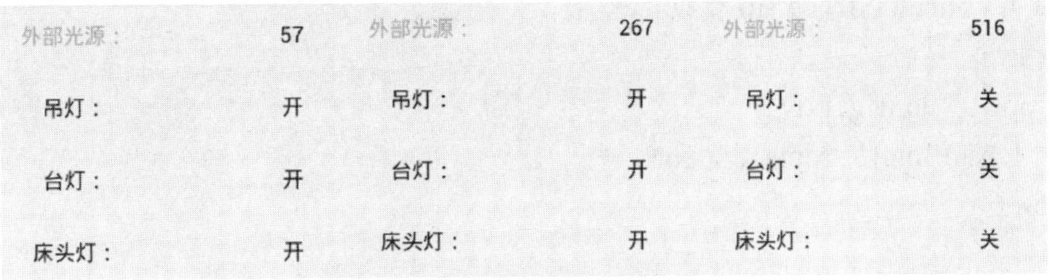

图 4-3-7　灯光自动控制

(4) 净化空气。

空气质量已成为日常生活的一大关键指标,优质的空气对人们的身体健康至关重要,当PM2.5大于30时就开启空气净化器净化微小颗粒,当PM2.5很低的时候可以自动关闭空气净化器省电,逻辑如下:

Begin
获得室内PM2.5数值
IF 室内PM2.5数值>30 THEN 开启空气净化器
ELSE 关闭空气净化器
END IF

如图4-3-8当空气污染严重时,持续开启空气净化器,当空气非常干净时,关闭空气净化器。

图4-3-8 空气净化器工作状态

4. 继续使用工程中的Demo文件

环境数据决定了对设备状态的智能控制。getData函数完成由传感器接收到环境数据信息,并根据对设备智能控制逻辑的分析,实现对设备的控制。注意本模块需要在代码开头添加一个全局变量previous,格式为previous＝{'0201'：'关','0202'：'关','0203'：'关'}。

Demo文件代码如下所示：

```
import socket
import json
import time
import _thread

dataFromSource = ''
ip = ''
status = ''
previous = {'0201':'关','0202':'关','0203'：'关'}


def get_ip():
    # 获得config.txt里的ip模块
    global ip
    f = open('config.txt')
    ip = f.readline().replace('\n','')
    f.close()


def getData():
    while True:
        global dataFromSource, status, previous
        # dataFromSource, status与ip一样需要声明全局变量
        status = ''
        s = socket.socket(socket.AF_INET, socket.SOCK_STREAM)
        # 网络通讯(TCP/IP-IPv4,TCP流)
        s.connect((ip, 10068))
        # 主动初始化TCP服务器连接,如果连接出错,返回socket.error错误。
        s.send(b'find\n')
        # 发送TCP数据,将string中的数据发送到连接的套接字。返回值是要发送的字
```

节数量,该数量可能小于 string 的字节大小。
```
        dataFromSource = s.recv(4096).decode("utf-8")
        # 接收 TCP 数据,数据以字符串形式返回,bufsize 指定要接收的最大数据量。
        dataFromSource = eval(dataFromSource)
        # 字符串转化为字典
        if int(dataFromSource['0200']) < 100:
            # 判断房间光照是否小于 100
            status = {'0201':'开','0202':'开','0203':'开'}
            # 是的话得把灯都打开
        else:
            if int(dataFromSource['0200']) > 400:
                status = {'0201':'关','0202':'关','0203':'关'}
        if status != '':
            previous = status
            dataFromSource.update(status)
            print(status)
            # 字典更新
        else:
            dataFromSource.update(previous)
            print('previous 是',previous)
        if int(dataFromSource['0000']) < 22:
            status = {'0001':'吹暖风'}
        else:
            if int(dataFromSource['0000']) > 28:
                status = {'0001':'吹冷风'}
            else:
                status = {'0001':'不出风'}
        dataFromSource.update(status)
        if int(dataFromSource['0400']) > 30:
            status = {'0401':'运行中'}
        else:
            status = {'0401':'关'}
        dataFromSource.update(status)
        if int(dataFromSource['0100']) < 40:
            status = {'0101':'加湿中'}
        else:
            if int(dataFromSource['0100']) > 55:
                status = {'0101':'除湿中'}
            else:
                status = {'0101':'关'}
        dataFromSource.update(status)
```

```python
        dataFromSource = str(dataFromSource)
        # 字典转化为字符串
        s.close()
        # 关闭连接
        time.sleep(9)
        print(status)
        # 间隔9秒执行
    # 网关暂存当前数据并待命,其中 dataFromSource 则用来暂存。

def clientComm():
    f = open('config.txt')
    f.readline()
    allowedUser = dict(username=f.readline().replace('\n', ''), password=f.readline().replace('\n', ''))
    print('可登录用户--', allowedUser)
    f.close()

    s = socket.socket(socket.AF_INET, socket.SOCK_STREAM)
    s.bind((ip, 10067))
    s.listen(1000)

    while True:
        cs, addr = s.accept()
        user = json.loads(cs.recv(2048).decode("utf-8"))
        print('user:', user, 'is log in from:', addr)
        if user['username'] == allowedUser['username'] and user['password'] == allowedUser['password']:
            print('user--', user, 'log in successfully, reply:1.')
            cs.send(b'1\n')
            # _thread.start_new_thread(getFromClient, (cs, ip))
            _thread.start_new_thread(sendToClient, (cs, ip))
        else:
            print('user--', user, 'log in failed, reply:0.')
            cs.send(b'0\n')
            cs.close()
    s.close()
# def getFromClient(s, user):
#     print("A get thread is created for user--", user)
#     while True:
#         order = s.recv(8).decode('utf-8')
#         print('user--',user,"使设备", order, "改变了状态")
```

```
#        time.sleep(1)

def sendToClient(s, ip):
    # 上面开的线程
    print("A send thread is created for ip:", ip)
    while True:
        s.send((str(dataFromSource) + '\n').encode('UTF-8'))
        print('数据:', dataFromSource, '发送给 ip:', ip)
        time.sleep(10)

def main():
    get_ip()
    print('服务器启动,ip:' + ip + ',数据源通信端口:' + '10068' + '客户端通信端口:' + '10067')
    _thread.start_new_thread(getData, ())
    clientComm()

main()
```

接下来是设置数据源和使用客户端,从而实现网关的完整功能。

5. 设置数据源和使用客户端

(1) 准备工作。网关接收的数据通过仿真实现,执行"配套资源\第 4 章\4_3\DataSource\server.exe",等待出现如图 4-3-9 所示界面说明数据源启动成功。

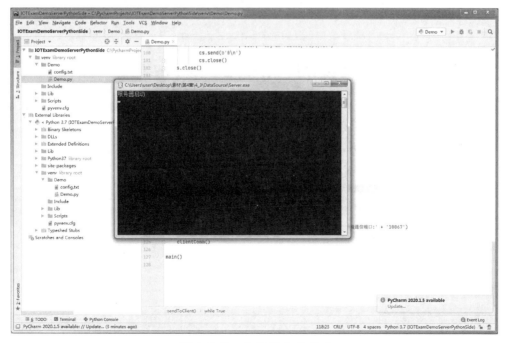

图 4-3-9　数据源启动成功

（2）添加运行配置。单击 PyCharm 右上角 Add Configuration，单击加号，选择 Python，找到 Demo.py 脚本路径，正确的路径如图 4-3-10 所示。

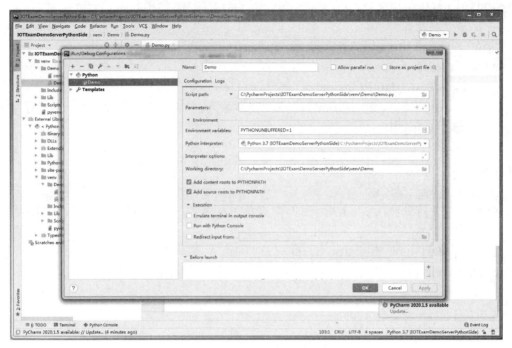

图 4-3-10　添加运行配置

单击"Apply"按钮后再单击"OK"按钮，右上角显示当前 Demo 可以运行，单击绿色"开始"按钮运行，当出现图 4-3-11 所示界面时，表示服务端启动成功且与数据源连接成功，当

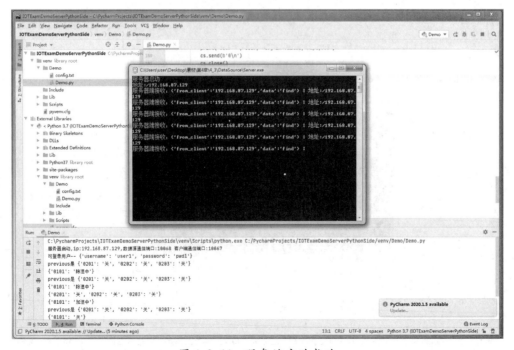

图 4-3-11　服务端启动成功

PyCharm 控制台出现图 4-3-12 所示信息时，表示 Demo 运行正常，此时等待客户端运行。

（3）通过模拟器执行"配套资源\第 4 章\4_3\Client\Client.apk"后运行此 app，运行界面如图 4-3-13（左）所示，此时输入用户名为 user1，输入密码为 pwd1，输入 IP 地址本机为 IPv4 地址，端口号为 10067，输入完毕后按"登录"按钮，若提示登录失败说明输入有误，请重新输入，登录成功后界面如图 4-3-13（右）所示，已有外部光源、空气湿度、空气温度、pm2.5 值等信息，运行结束后需要关闭客户端、数据源以及网关，以防数据溢出。

图 4-3-12　Demo 运行后控制台

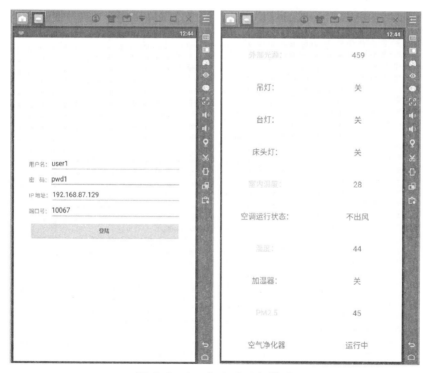

图 4-3-13　客户端运行界面

4.4 创建日志记录文件

在程序运行中需要通过创建日志记录的方式及时记录重要的状态信息变化,以便在程序产生问题时较快地找到症结所在。

4.4.1 功能概述

本功能使用 Python 对网关所有的行为进行日志记录,生成.log 文件。

4.4.2 功能设计

日志生成流程如图 4-4-1 所示。

如图 4-4-2 所示,日志可以记录所有后台功能产生的信息,只需熟悉 logging 模块的用法,用户可自定义 log 格式并且可在每一个模块上添加 log 信息,注意语言使用规范。

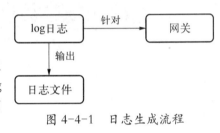

图 4-4-1 日志生成流程

图 4-4-2 网关运行正常并生成.log 文件记录网关状态

4.4.3 功能实施

1. 使用 PyCharm 打开工程

使用 PyCharm 打开 4.3 节完成的存放在 C：\PyCharmProject\下的工程：IOTExamDemoServerPythonSide，工程主要结构如图 4-4-3 所示，test.log 文件会在之后生成在文件夹中，现在无需手动添加。

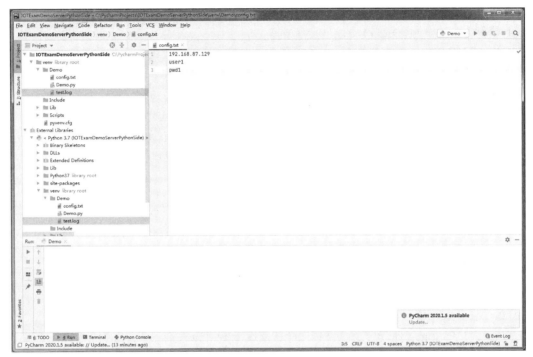

图 4-4-3　IOTExamDemoServerPythonSide 工程结构

2. 配置文件

如图 4-4-4 所示，确保 config.txt 文件内容正确，打开

C：\PyCharmProject\IOTExamDemoServerPythonSide\venv\Demo\config.txt 文件，修改 IP 地址为本机实际 IP 地址。

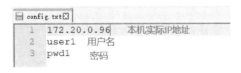

图 4-4-4　config.txt 文件示例

3. 修改工程中的 Demo 文件

（1）导入 logging 模块。

如下列代码所示，Python 代码的开头，需要导入各种模块，使用该模块里定义的类、方法或者变量，从而达到代码复用的目的。在这里需要导入前 2 节没用到的 logging 模块用于后续的日志记录。

import socket

```
import json
import time
import _thread
import logging    # 导入logging模块
```

> **知识拓展：logging 日志模块介绍**
>
> 日志一共分成 5 个等级，从低到高分别是：DEBUG INFO WARNING ERROR CRITICAL。
>
> DEBUG：详细的信息，通常只出现在诊断问题上。
>
> INFO：确认一切按预期运行。
>
> WARNING：一个迹象表明，一些意想不到的事情发生了，或表明一些问题在不久的将来。（例如磁盘空间低）但这个软件还能按预期工作。
>
> ERROR：更严重的问题，软件没能执行一些功能。
>
> CRITICAL：一个严重的错误，表明程序本身可能无法继续运行。
>
> 这 5 个等级，也分别对应 5 种打日志的方法：debug、info、warning、error、critical。默认的是 WARNING，当在 WARNING 或之上时才被跟踪。

用 Python 编写代码时，在需要确认的地方可以加入 print xx 语句，这样就能在控制台上显示所需要确认的地方的信息，但是当需要确认大量的地方或者在一个文件中查看信息时，print 语句就不能很好地达到要求了，所以 Python 引入了 logging 模块来记录所需要的信息。虽然 print 语句也可以输入到日志，但 logging 模块相对 print 语句来说能更好地控制输出在哪个地方，怎么输出及控制消息级别来过滤掉那些不需要的信息。

（2）文档位置书写与文档格式定义。

既然要生产.log 文件，可以在一开始的变量里就对.log 文件要保存的位置进行定义，日志文件通常包括事件信息、信息类型、用户名以及其它关键信息，以下代码给出了一种定义格式，更多格式也可以访问官方文档或知识拓展链接。logging.basicconfig(level = logging.NOTSET)可以设置日志级别，在本节对只输出 info（低级类）信息做举例，若要输出全部信息，可以不设置级别为默认。

```
log_file = './test.log'
FORMAT = '[%(asctime)s][%(levelname)s][%(name)s][%(filename)s line %(lineno)d] %(message)s'
# [升序时间][信息级别][名称][运行文件名，该文件的第几行进行过输出][自定义信息内容]
logging.basicConfig(level = logging.INFO, filename = log_file, format = FORMAT)
# 设置日志级别：记录info 文档位置 格式为format
```

（3）在每段需要记录的功能模块里添加 logging 功能。

下述代码在 logging 块进行了注释，由于方式 get 过多且冗余的出现在日志里，日志文件过大且繁杂，因此对其注释，若有需要可以删除注释。

```python
def getData():
    while True:
        global dataFromSource
        s = socket.socket(socket.AF_INET, socket.SOCK_STREAM)
        s.connect((ip, 10068))
        s.send(b'find\n')
        dataFromSource = s.recv(4096).decode("utf-8")
        # logging.info('get--' + dataFromSource + ' from--' + ip + ':10068')
        s.close()
        time.sleep(6)
```

接下来在clientComm()模块里添加logging功能并删除print语句,如下代码所示,并且添加了try-except-finally功能,语句并不是非常适用但是可以学习logging的使用方法。

```python
def clientComm():
    f = open('config.txt')
    f.readline()
    allowedUser = dict(username=f.readline().replace('\n', ''), password=f.readline().replace('\n', ''))
    logging.info('可登录用户--{}'.format(allowedUser))
    f.close()
    s = socket.socket(socket.AF_INET, socket.SOCK_STREAM)
    s.bind((ip, 10067))
    s.listen(1000)

    try:
        while True:

            cs, addr = s.accept()
            d = cs.recv(2048).decode("utf-8")
            print(d)
            user = json.loads(d)
            logging.info('user:{} is log in from {}'.format(user, addr))
            # 此处为logging需要用format格式化
            if user['username'] == allowedUser['username'] and user['password'] == allowedUser['password']:
                logging.info('user--{} log in successfully, reply:1.'.format(user))

                cs.send(b'1\n')
                _thread.start_new_thread(getFromClient, (cs, user))
                _thread.start_new_thread(sendToClient, (cs, user))
```

```
            else:
                logging.info('user--{} log in failed,reply:0.'.format(user))
                # 此处为logging需要用format格式化
                cs.send(b'0\n')
                cs.close()
        except Exception as e:
            logging.error(e)
        finally:
            s.close()
        # 上面try:...except...finally语句
        # try和except包起来的是语句体,如果语句体出现异常,并是Exception的类或者子类。
        # 那么就会被捕获并执行logging.error(e),e是上面捕获的异常。
        # finally后面跟的是try到这里,不管报不报错,都执行这个,适用于释放资源。
        # 但是上面语句并不是特别适用。只是说明一下用法。
```

getFromClient(s,user)模块里添加logging功能并删除print语句,代码如下:

```
def getFromClient(s,user):
    logging.info("A get thread is created for user--{}".format(user))
    while True:
        order = s.recv(8).decode('utf-8')
        logging.info('user--{}使设备{}改变了状态'.format(user,order))
        # 此处为logging需要用format格式化
        time.sleep(1)
```

sendToClient(s,user)模块里添加logging功能并删除print语句,代码如下(提供了另外一种格式化的方式):

```
def sendToClient(s,user):
    logging.info("A send thread is created for user--{}".format(user))
    while True:
        s.send((str(dataFromSource) + '\n').encode('UTF-8'))
        # 也可以用以下这种方式
        logging.info(f'数据:{dataFromSource}发送给user--{user}')
        time.sleep(7)
```

最后在main()主函数处添加logging功能并删除print语句,代码如下:

```
def main():
    get_ip()
    logging.info('服务器启动,ip:{},数据源通信端口:10068,客户端通信端口:10067'.format(ip))
    # 此处为logging需要用format格式化 现在主流格式化是format
    _thread.start_new_thread(getData,())
    clientComm()
```

(4) 使程序运行主函数。

要运行主函数则还得加上一句让程序开始的时候就直接找到主函数开始运行,代码如下:

if __name__ = = '__main__':
main()

到此为止,所有模块里的 logging 功能已经添加完毕,接下来是设置数据源和使用客户端,从而将网关的功能完整体现。

4. 设置数据源和使用客户端

(1) 准备工作。网关接收的数据通过仿真实现,执行"配套资源\第 4 章\4_4\DataSource\server.exe",等待出现如图 4-4-5 所示界面说明数据源启动成功。

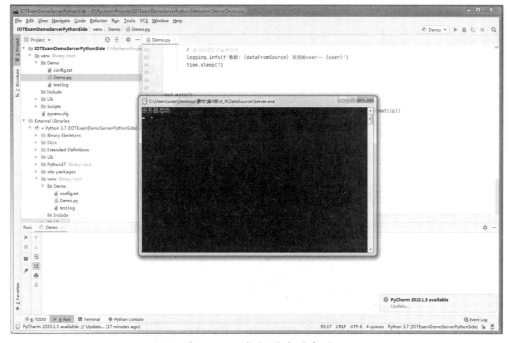

图 4-4-5 数据源启动成功

(2) 添加运行配置。单击 PyCharm 右上角 Add Configuration,单击加号,选择 Python,找到 Demo.py 脚本路径,正确的路径如图 4-4-6 所示。

单击"Apply"按钮后再单击"OK"按钮,则右上角显示当前 Demo 可以运行,单击绿色"开始"按钮运行,当出现图 4-4-7 所示界面时,表示服务端启动成功且与数据源连接成功,当 PyCharm 控制台出现图 4-4-8 所示信息时,表示 Demo 运行正常,此时等待客户端运行。

(3) 通过模拟器执行"配套资源\第 4 章\4_4\Client\Client.apk"后运行此 app,此时输入用户名为 user1,输入密码为 pwd1,输入 IP 地址本机为 IPv4 地址,端口号为 10067,输入完毕后按"登录"按钮,若提示登录失败说明输入有误,请重新输入,登录成功后,用户对 APP 进行操作,相关日志被记录,如图 4-4-9 所示,运行结束后需要关闭客户端,数据源,以及网关,以防数据溢出。

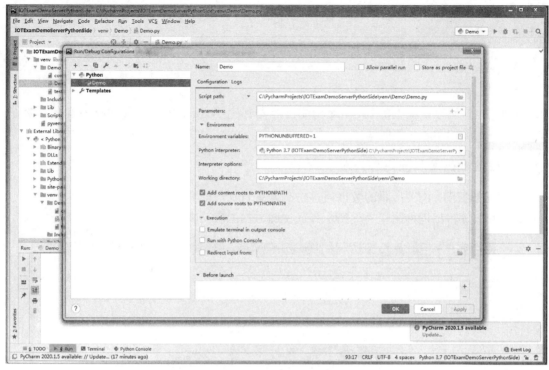

图 4-4-6　添加运行配置

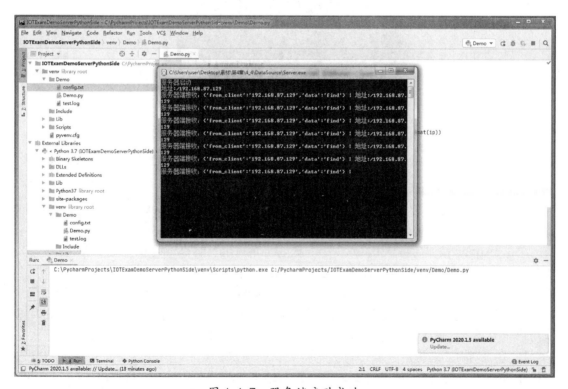

图 4-4-7　服务端启动成功

图 4-4-8 Demo.exe 运行结果

图 4-4-9 test.log 日志内容

4.5 用户操作记录数据库

客户端进行操作之后将操作内容记录到后台是一种好的使用习惯,当遇到错误或者不规范的使用情况时可以配合 4.4 节提供的日志功能逐一排查原因,修改代码使程序更加完善,同时还可以记录用户的操作内容,方便日后进行数据分析,分析用户的使用习惯等内容。

4.5.1 功能概述

本功能使用 Python 进行数据库连接,并将带有时间戳的用户操作记录与用户登录记录录入数据库。

4.5.2 功能设计

数据库应用流程如图 4-5-1 所示。

图 4-5-1 数据库应用流程

如图 4-5-2 所示,数据库连接正常并成功录入用户登录信息以及用户操作信息。

password	username	eqnum	timing
pwd1	user1	1001	2021-01-07 19:15:25
pwd1	user1	1002	2021-01-07 19:16:55
pwd1	user1	2002	2021-01-07 19:17:01
pwd1	user1	4001	2021-01-07 19:17:04
pwd1	user1	1001	2021-01-07 19:34:24
pwd1	user1	1002	2021-01-07 19:34:26
pwd1	user1	1001	2021-01-07 19:47:44
pwd1	user1	2002	2021-01-07 19:47:47

username	password	status	timing
user1	pwd1	1	2021-01-07 19:47:42

图 4-5-2 已成功录入的数据库

4.5.3 功能实施

1. 使用 PyCharm 打开工程

使用 PyCharm 打开 4.4 节已完成的存放在 C:\PyCharmProject\ 下的工程:IOTExamDemoServerPythonSide,工程主要结构如图 4-5-3 所示。

第 4 章 物联网网关开发

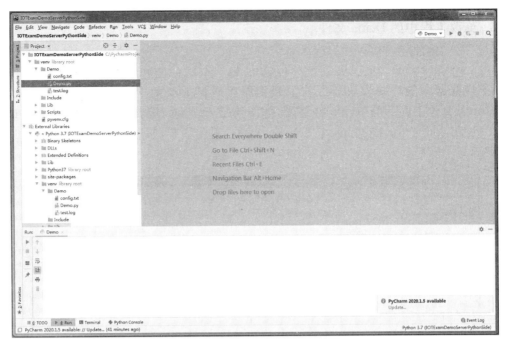

图 4-5-3 IOTExamDemoServerPythonSide 工程结构

2. 配置文件

如图 4-5-4 所示，服务器启动前首先确保传感器网关地址正确，config.txt 文件配置与 4.2 节相同，存放地址为 C:\PyCharmProject\IOTExamDemoServerPythonSide\venv\Demo\config.txt。

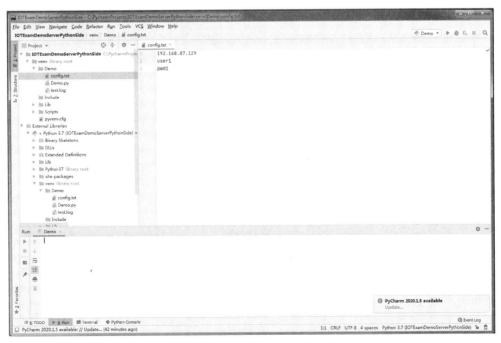

图 4-5-4 config.txt 文件示例

3. 修改工程中的 Demo 文件

（1）导入 mysql.connector 模块。

导入 mysql.connector 模块与导入 logging 模块不同，logging 模块本身内置于 Python 中，而连接数据库的一些模块需要先下载到库然后再 import 到代码文件里。首先开启 PyCharm 找到位于底部的 terminal 终端，如图 4-5-5 所示，接着输入指令 python -m pip install mysql-connector，随即 mysql.connector 就会开始安装，如果已安装就会如图 4-5-6 所示提示。

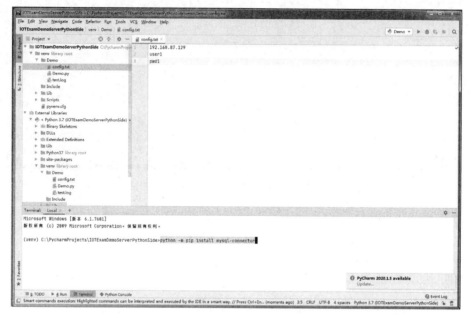

图 4-5-5　terminal 终端

图 4-5-6　mysql-connector 已安装提示

安装完毕后回到代码前几行加入 import mysql.connector 语句,代码如下所示:

import socket

import json

import time

import _thread

import logging

import mysql.connector

(2) 数据库的建立。

① 连接数据库。用户需要先在本地拥有 MySQL 数据库,数据库连接推荐用 Navicat 可视化数据库工具,无需完全掌握数据库语言,便可以灵活的对数据库进行创建、修改、更新、删除等操作,效率更高,界面如图 4-5-7 所示。接下来创建数据库连接,点击 Navicat 左上角的连接 MySQL(如图 4-5-8 所示),创建连接名,例如 Gateway,密码为本地 MySQL 的密码,接下来点击测试连接,若密码正确,则显示连接成功,如图 4-5-9 所示。

> **知识拓展:Navicat 介绍**
>
> Navicat 是一套快速、可靠、价格相宜的数据库管理工具,专为简化数据库的管理及降低系统管理成本而设。它的设计符合数据库管理员、开发人员及中小企业的需要。Navicat 是以直觉化的图形用户界面而建的,让你可以以安全并且简单的方式创建、组织、访问并共用信息。
>
> Navicat 闻名世界,广受全球各大企业、政府机构、教育机构所信赖,更是各界从业员每天必备的工作伙伴。自 2001 年以来,Navicat 已在全球被下载超过 2 000 000 次,并且已有超过 70 000 个用户的客户群。《财富》世界 500 强中有超过 100 家公司也都正在使用 Navicat。
>
> Navicat 提供多达 7 种语言供客户选择,被公认为全球最受欢迎的数据库前端用户界面工具。它可以用来对本机或远程的 MySQL、SQL Server、SQLite、Oracle 及 PostgreSQL 数据库进行管理及开发。
>
> Navicat 适用于三种平台-Microsoft Windows、Mac OS X 及 Linux。它可以让用户连接到任何本机或远程服务器,提供一些实用的数据库工具如数据模型、数据传输、数据同步、结构同步、导入、导出、备份、还原、报表创建工具及计划以协助管理数据。

② 新建数据库。双击左侧刚才建立的连接名,连接变绿则代表连接正常使用中。接着右键单击连接名,点击新建数据库,数据库名为 userope,字符集为 utf8,如图 4-5-10 所示。

③ 创建数据表。双击 userope 右键表,点击新建表,参照表 4-5-1 和表 4-5-2 创建表 login 和表 operation。创建结果如图 4-5-11 和 4-5-12 所示。

图 4-5-7 Navicat 界面

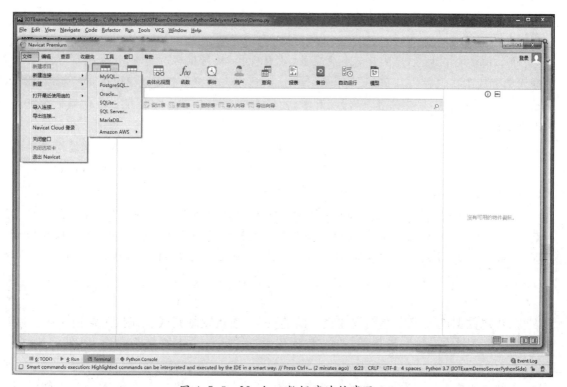

图 4-5-8 Navicat 数据库连接步骤 1

第 4 章 物联网网关开发

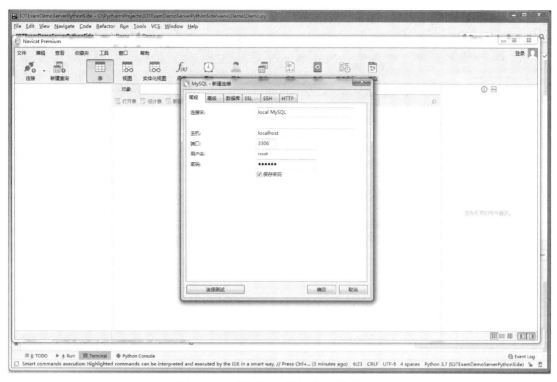

图 4-5-9 Navicat 数据库连接步骤 2

图 4-5-10 Navicat 数据库创建

图 4-5-11　Navicat 数据库建 login 表

图 4-5-12　Navicat 数据库建 operation 表

表 4-5-1　表 login 结构

字段名称	字段类型	字段长度	允许空值
username	varchar	20	否
password	varchar	20	否
status	binary	1	否
Timing(键)	timestamp	0	否

表 4-5-2　表 operation 结构

字段名称	字段类型	字段长度	允许空值
password	varchar	20	否
username	varchar	20	否
eqnum	varchar	20	否
Timing(键)	timestamp	0	否

(3) 编写数据库存取代码。

打开 Demo.py, 在所有模块开始前, 先连接数据库, 代码如下:

db = mysql.connector.connect(
　host = "localhost",
　# localhost 代表本地 127.0.0.1 也可以
　user = "root",
　# 用户名为本地数据库连接用到的用户名
　passwd = "root",
　# 密码需要跟本地数据库密码相同
　database = "userope"
　# 数据库需要填写刚刚建立的数据库名
)
cursor = db.cursor()
# 创建一个 db 游标, 则可以输入各种数据库指令操作数据库

数据库连接代码至此完成。接下来要找到 clientComm 模块, 在代码里添加数据库操作语句, 代码如下:

def clientComm():
　　f = open('config.txt')
　　f.readline()
　　allowedUser = dict(username = f.readline().replace('\n', ''), password = f.readline().replace('\n', ''))
　　logging.info('可登录用户--{}'.format(allowedUser))
　　f.close()

```python
s = socket.socket(socket.AF_INET, socket.SOCK_STREAM)
s.bind((ip, 10067))
s.listen(1000)

try:
    while True:
        cs, addr = s.accept()
        user = json.loads(cs.recv(2048).decode("utf-8"))
        logging.info('user：{} is log in from {}'.format(user, addr))
        # 此处为 logging 需要用 format 格式化
        if user['username'] == allowedUser['username'] and user['password'] == allowedUser['password']:
            logging.info('user -- {} log in successfully, reply:1.'.format(user))
            cs.send(b'1\n')
            sql = "INSERT INTO login (password,username,status) VALUES (%s,%s,%s)"
            # !!! Attention!!! 无论是数字(包括整数和浮点数)、字符串、日期时间或其他任意类型,都应该使用%s 占位符。
            val = (user['password'], user['username'], 1)
            # 用户的密码,用户的名字,1 代表连接成功
            cursor.execute(sql, val)
            # 游标执行数据库命令 sql,val 为参数
            db.commit()
            # 数据库更新一定要执行 commit 才能实现数据库更新
            print(cursor.rowcount, "用户登录成功记录插入成功。")
            # print 到控制台表示有用户登录行为
            _thread.start_new_thread(getFromClient, (cs, user))
            _thread.start_new_thread(sendToClient, (cs, user))
        else:
            logging.info('user -- {} log in failed, reply:0.'.format(user))
            # 此处为 logging 需要用 format 格式化
            cs.send(b'0\n')
            sql = "INSERT INTO login (password,username,status) VALUES (%s,%s,%s)"
            # !!! Attention!!! 无论是数字(包括整数和浮点数)、字符串、日期时间或其他任意类型,都应该使用%s 占位符。
            val = (user['password'], user['username'], 0)
            # 用户的密码,用户的名字,0 代表信息有误连接失败
            cursor.execute(sql, val)
            # 游标执行数据库命令 sql,val 为参数
```

```
            db.commit()
            # 数据库更新一定要执行 commit 才能实现数据库更新
            print(cursor.rowcount,"用户登录失败记录插入成功。")
            # print 到控制台表示有用户登录行为
            cs.close()
    except Exception as e:
        logging.error(e)
    finally:
        s.close()
```

除了需要记录用户登录行为之外，记录用户对设备进行操控的行为也是必不可少的，每当有操作信息从合法的用户发出，即被录入数据库，便于日后分析用户行为，以及设备故障时分析故障原因。正确的代码如下：

```
def getFromClient(s,user):
    logging.info("A get thread is created for user--{}".format(user))
    while True:
        order = s.recv(8).decode('utf-8')
        # 一定要解码为 utf-8 编码，否则接收的 TCP 流无法直接使用
        print('user---{}使设备{}改变了状态'.format(user,order))
        sql = "INSERT INTO operation（password，username，eqnum）VALUES(%s,%s,%s)"
        # !!! Attention!!! 无论是数字(包括整数和浮点数)、字符串、日期时间或其他任意类型，都应该使用%s 占位符。
        val = (user['password'], user['username'], order)
        # 用户的密码,用户的名字,用户操作的设备号
        cursor.execute(sql,val)
        # 游标执行数据库命令 sql,val 为参数
        db.commit()
        # 数据库更新一定要执行 commit 才能实现数据库更新
        print(cursor.rowcount,"记录插入成功。")
        # print 到控制台表示有用户操作行为
        logging.info('user--{}使设备{}改变了状态'.format(user,order))
        # 此处为 logging 需要用 format 格式化

        time.sleep(1)
```

(4)客户端登录，数据库信息更新。

① 运行 Demo。

② 登录操作。从安卓端登录，如图 4-5-13 所示，由于用户输入了错误的登录信息，显示登录失败，则登录状态被记录到后端数据库且控制台显示：1 用户登录失败记录插入成功。如图 4-5-14 所示，后台也成功记录的一条登录失败记录，0 为登录失败，1 则为成功。

物联网技术及应用

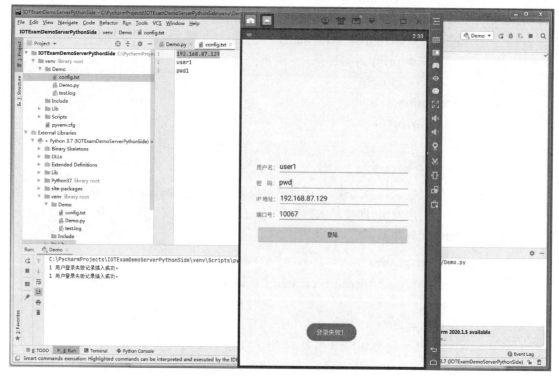

图 4-5-13　用户登录失败案例

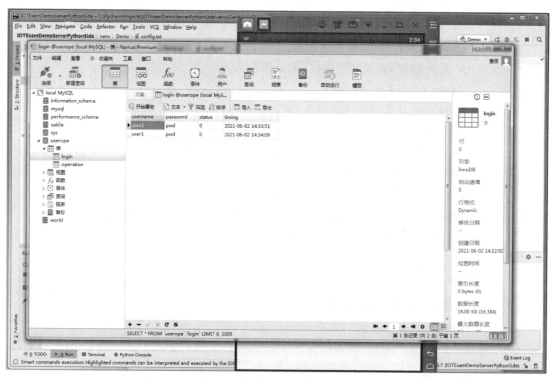

图 4-5-14　用户登录失败信息成功录入数据库

当用户输入了正确的用户信息，进入正确的信息界面，且正确的记录被插入数据库，如图 4-5-15 所示。如图 4-5-16 所示，后台也成功记录的一条登录成功记录，0 为登录失败，1 则为成功。

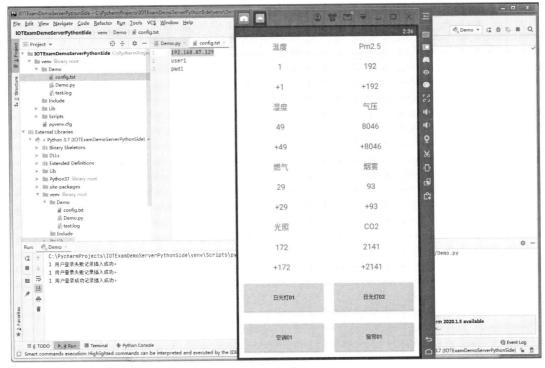

图 4-5-15　用户登录成功案例

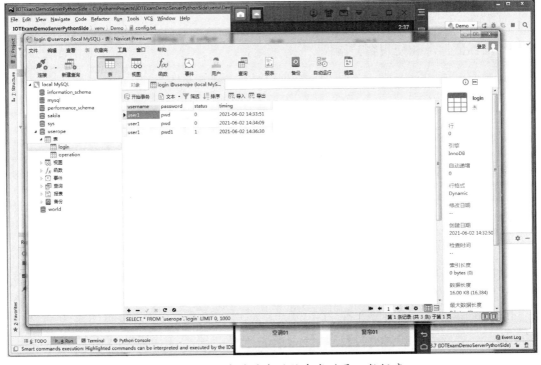

图 4-5-16　用户登录成功信息成功录入数据库

③ 功能操作。用户首先打开登录成功后的界面,如 4-5-15 所示,显示用户已经登录登录成功,接下来依次点击日光灯 01、日光灯 02、空调 01、窗帘 01,控制所有设备的开关,则控制台显示用户操作记录插入状况,且数据库部分也显示成功,如图 4-5-17 所示。

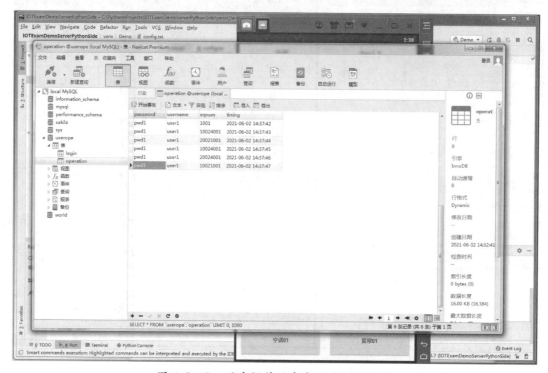

图 4-5-17　用户操作信息成功录入数据库

至此为止,数据库运行正常,数据库功能设计完毕。

4. 设置数据源和使用客户端

(1) 准备工作。网关接收的数据通过仿真实现,执行"配套资源\第 4 章\4_5\DataSource\server.exe",等待出现如图 4-5-18 所示界面说明数据源启动成功。

图 4-5-18　数据源启动成功

（2）添加运行配置。单击 PyCharm 右上角 Add Configuration，单击加号，选择 Python，找到 Demo.py 脚本路径，正确的路径如图 4-5-19 所示，单击"Apply"按钮后再单击"OK"按钮，则右上角显示当前 Demo 可以运行，单击绿色"开始"按钮运行，当出现图 4-5-20 所示界面时，表示服务端启动成功且与数据源连接成功，当 PyCharm 控制台出现图 4-5-21 所示信息时，表示 Demo 运行正常，此时等待客户端运行。

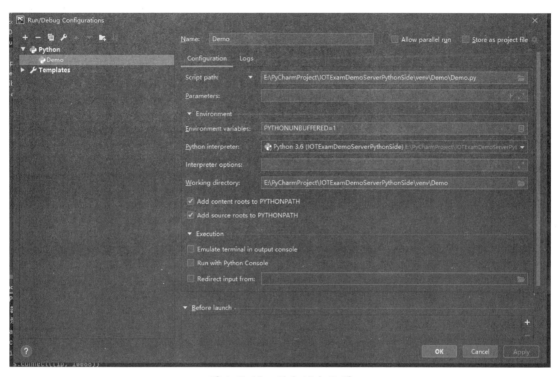

图 4-5-19 添加运行配置

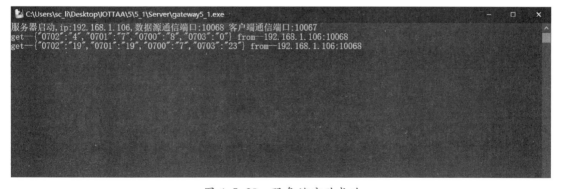

图 4-5-20 服务端启动成功

图 4-5-21 Demo 运行后控制台

(3) 通过模拟器执行"配套资源\第 4 章\4_5\Client\Client.apk"后运行此 app,此时输入用户名为 user1,输入密码为 pwd1,输入 IP 地址本机为 IPv4 地址,端口号为 10067,输入完毕后按"登录"按钮,若提示登录失败说明输入有误,请重新输入。登录成功后,用户对 APP 进行操作,操作记录成功记录到数据库,方便日后维护以及分析用户习惯,运行结束后需要关闭客户端、数据源、网关,以及断开数据库防止数据溢出。

4.6 本章习题

4.6.1 单选题

1. 网关在_____上实现网络互连。
   A. 传输层　　　　B. 物理层　　　　C. 网络层　　　　D. 数据链路层
2. 关于网关，描述正确的是_____。
   A. 网关既不可以用于广域网互连，也不可以用于局域网互连
   B. 网关既可以用于广域网互连，但不可以用于局域网互连
   C. 网关既可以用于广域网互连，也可以用于局域网互连
   D. 网关既不可以用于广域网互连，但可以用于局域网互连
3. 物联网网关是_____的硬件设备或软件程序。
   A. 偶用　　　　　B. 常用　　　　　C. 通用　　　　　D. 专用
4. 物联网网关可以实现感知网络与通信网络，以及不同类型感知网络之间的_____转换。
   A. 格式　　　　　B. 协议　　　　　C. 数据　　　　　D. 信息
5. 关于物联网网关功能，描述错误的是_____。
   A. 物联网网关具有广泛的接入能力
   B. 物联网网关具有可管理能力
   C. 物联网网关具有很强的数据转换能力
   D. 物联网网关具有协议转换能力
6. 关于路由器和物联网网关描述正确的是_____。
   A. 物联网网关就是路由器
   B. 路由器是最常见的物联网网关
   C. 路由器和物联网网关都用于连接两个不同类型的网络
   D. 路由器用于连接两个不同类型的网络，物联网网关用于连接两个相似的网络

4.6.2 填空题

1. 网关是一种连接内部网与互联网上其它网的中间设备，也称_____。
2. 网关和路由器的_____之处在于它们都可用于调节两个或多个独立网络之间的流量。
3. 物联网_____是一种专用的硬件设备或软件程序。
4. 物联网网关具有协议_____能力。
5. 物联网网关是物联网体系架构中，在_____和网络层两个不同网络之间需要的中间设备。

4.6.3 操作题

1. 请修改4.2节项目登录的用户名和密码为你自己的姓名拼音及学号。
2. 请修改4.2节项目的智能灯光控制逻辑为：当外部光源值小于100时，所有灯打开；当外部光源值介于100(含)和200(不含)之间时，仅打开吊灯和台灯；当外部光源值介于200(含)和300(不含)之间时，仅打开台灯和床头灯；当外部光源值介于300(含)和400(不含)时，仅打开床头灯；当外部光源值大于等于400时，关闭所有灯光。
3. 请修改4.3节项目的智能控制逻辑为：当加湿器处于"除湿中"状态时，空调的运行状态自动改为"除湿"。

本 章 小 结

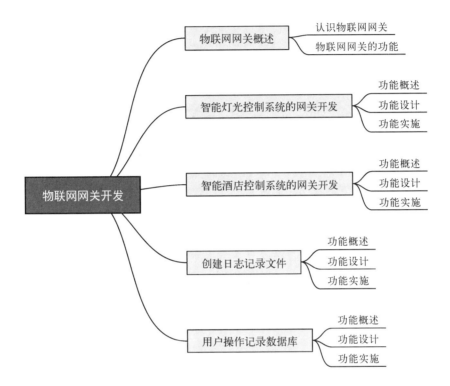

PART 05

第 5 章 物联网应用开发

<本章概要>

物联网技术作为新一代信息技术目前在各行各业广泛应用。本章通过四个案例介绍物联网的应用开发,本章所介绍的案例特指要点环境下的移动应用(以 Android Studio 为例),内容包括:

- 游乐园人流量查询应用开发;
- 智能酒店管理应用开发;
- 生态农业系统应用开发;
- 智慧城市生活应用开发。

<学习目标>

完成本章学习后,要求掌握如表 5-1 所示的内容

表 5-1 知识能力表

本单元的要求	知　识	能　力
游乐园人流量查询应用开发	了解	比较熟练
物联网应用典型场景分析	理解	比较熟练
Fastjson 库功能	理解	比较熟练
智能酒店管理应用开发	了解	比较熟练
Socket 通信原理	了解	比较熟练
监听事件基本知识	了解	比较熟练
生态农业系统应用开发	了解	比较熟练
农业物联网的主要功能	了解	比较熟练
SQLite 基本知识	理解	比较熟练
智慧城市生活应用开发	了解	比较熟练
MPAndroidChart 绘图组件	理解	比较熟练
MySQL 数据库基本知识	理解	比较熟练

5.1 游乐园人流量查询应用开发

5.1.1 功能概述

2020年爆发的新冠病毒给人们生活带来了不便。在后疫情时代,为了将防疫常态化,各个游乐园都实行游园预约,进入游乐园为了避免人群聚集,园方提示游客通过手机APP查询游乐园内各个游玩项目的当前排队人数,合理安排自己的游玩计划。同时,游乐园工作人员也可以实时监控各游玩项目的游人数量,以便控制人数,缓解人流压力。利用物联网APP来实现分流,很好地解决了安全游园问题。

5.1.2 功能设计

游乐园人流量查询应用只有一个界面,界面上实时显示从服务端获得的当前各项目人数数据,项目包括:过山车、摩天轮、旋转木马和鬼屋,如图5-1-1所示。

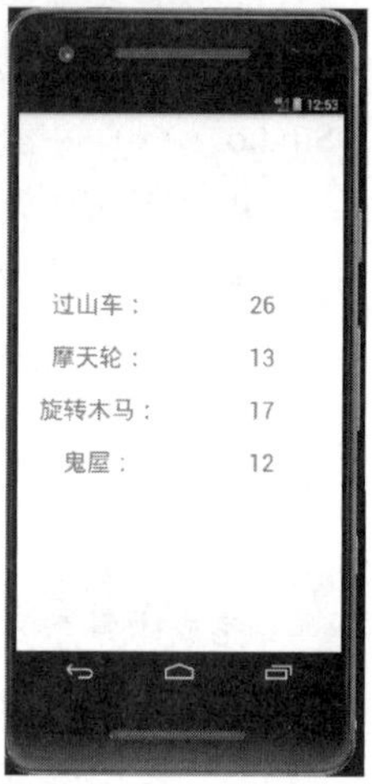

5.1.3 功能实施

1. 准备工作

首先启动配套资源第5章\5_1\DataSource\server.exe,出现如图5-1-2所示界面,表明数据源启动成功。将第5章\5_1\Server\config.txt第一行修改为本机IP地址后运行第5章\5_1\Server\gateway5_1.exe,出现如图5-1-3所示界面时,表明服务端启动成功且与数据源成功连接。

图5-1-1 应用界面

2. 创建项目

启动Android Studio,如图5-1-4所示,创建Android Studio工程,输入工程名为IOTAPP1,选择存放路径后,单击Finish按钮。

3. 导入Fastjson包

将第5章\5_1\fastjson.jar拖入如图5-1-5所示位置。

> **知识拓展:Fastjson介绍**
>
> Fastjson是一个Java库,可以将Java对象转换为JSON格式,也可以将JSON字符串转换为Java对象。

4. 重新加入

如图 5-1-6 所示删除 libs 依赖并重新加入。

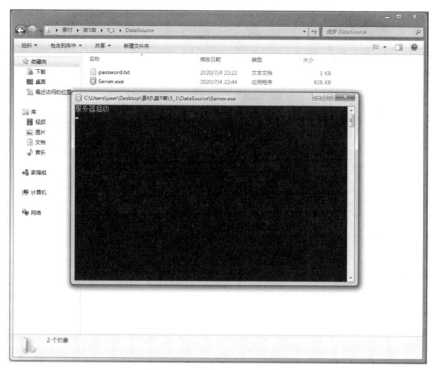

图 5-1-2 数据源启动成功

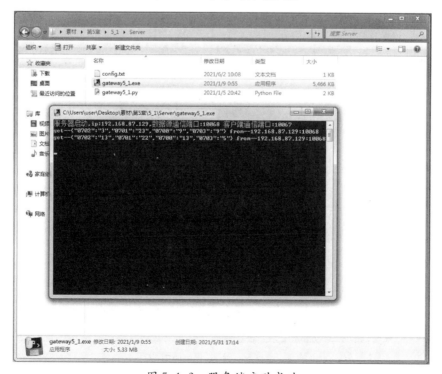

图 5-1-3 服务端启动成功

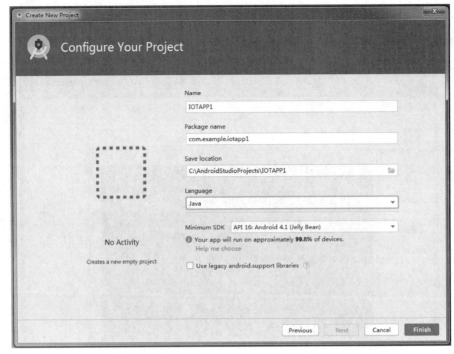

图 5-1-4　创建 Android 工程

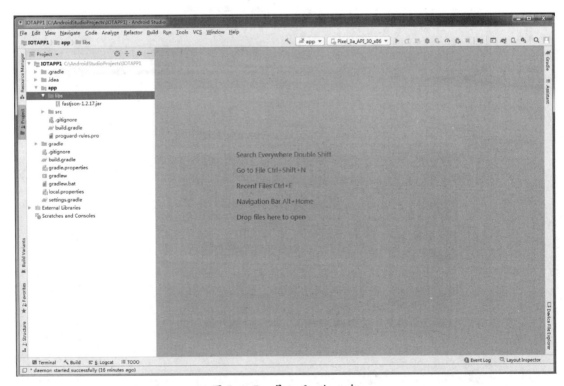

图 5-1-5　导入 fastjson 包

第5章 物联网应用开发

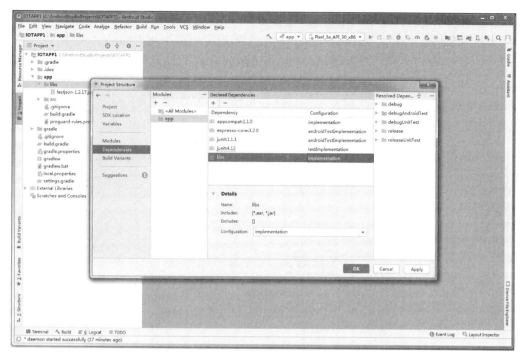

图 5-1-6　更新依赖包

5. AndroidManifest.xml 文件配置

AndroidManifest.xml 文件的官网解释是应用清单,用于声明描述 Android 应用的配置信息,位置如图 5-1-7 所示。

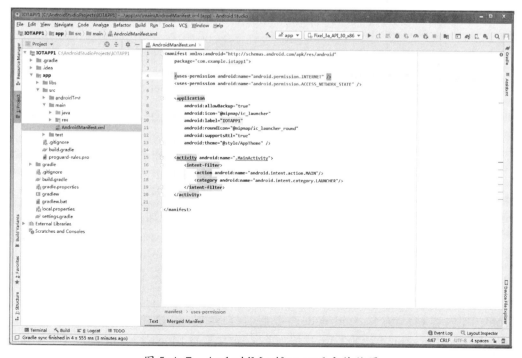

图 5-1-7　AndroidManifest.xml 文件位置

在 manifest 结点中加入接入网络的权限,在 application 结点中加入一个新的 activity 结点,效果如图 5-1-8 所示。Activity 元素声明一个实现应用可视化界面的 Activity,在样例中只涉及到一个 Activity 和一个界面,为 MainActivity。Activity 元素中的 intent-filter 描述了该 activity 的启动意图,其中 action 元素描述了动作,android.intent.action.MAIN 表示作为主 activity 启动,category 元素描述了 action 元素的额外类别信息,android.intent.category.LAUNCHER 表示该 activity 为当前应用程序优先级最高的 activity。

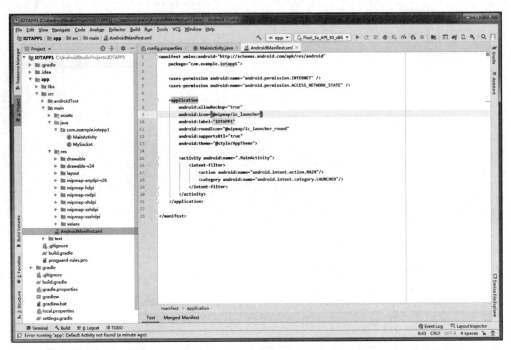

图 5-1-8　AndroidManifest.xml 文件内容

6. layout 布局

首先在图 5-1-9 所示处建立 layout 文件夹,用于描述界面的 xml 文件,并在其中建立名为 activity_main.xml 的 Layout Resource 文件,用于描述 MainActivity,如图 5-1-10 所示。

为方便起见,使用 LinearLayout 线性布局。为了实现图 5-1-1 中的布局,首先在根 LinearLayout 中加入 4 个并列的 LinearLayout,由于默认的根 LinearLayout 将 android:orientation 属性设置为 vertical,因此新添的 4 个 LinearLayout 会垂直排列。随后将每个 LinearLayout 的 android:orientation 属性都设置为 horizontal,即水平排列,将 android:layout_weight 属性设置为 1,使 4 个部分占比都相同,并在其中加入两个 TextView 组件,分别用以显示游乐园项目的名字和当前人数,TextView 组件也将 android:layout_weight 属性设置为 1,使得两个 TextView 都占父容器的一半,将 android:gravity 属性设为 center,使其中的文字居中,android:textSize 属性描述了文本的大小,设置为 30 sp,android:text 描述了文本内容。显示数值的文本框需要随着接收的数据实时修改,因此要为它们设置唯一的 android:id,内容格式为 @ + id/code。最后为了美观,将根 LinearLayout 的 android:paddingVertical 属性设置为 200 dp,这样就将 4 个内部的 LinearLayout 都放置到了屏幕中间位置。部分代码如图 5-1-11 所示,界面布局如图 5-1-12 所示。

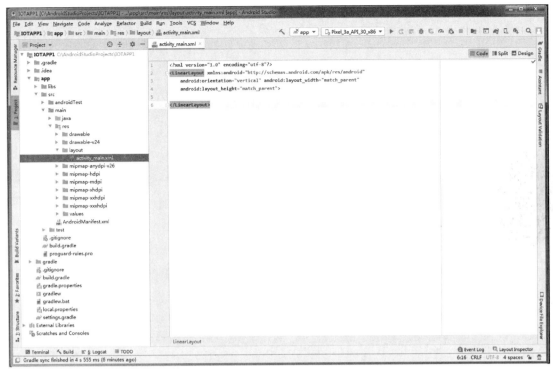

图 5-1-9 layout 文件夹位置

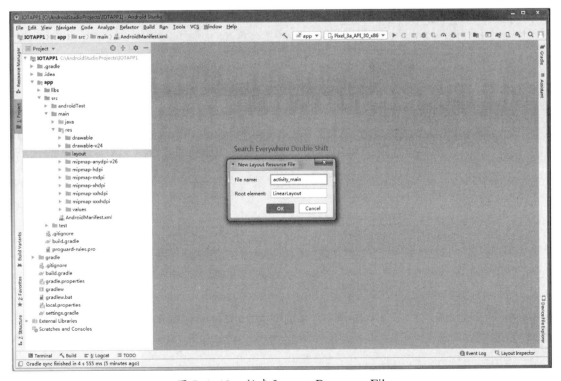

图 5-1-10 新建 Layout Resource File

物联网技术及应用

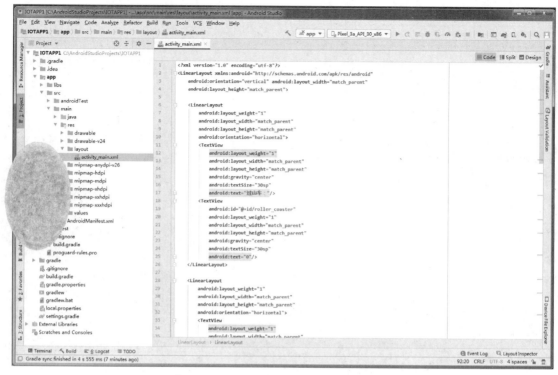

图 5-1-11　activity_main.xml 部分代码

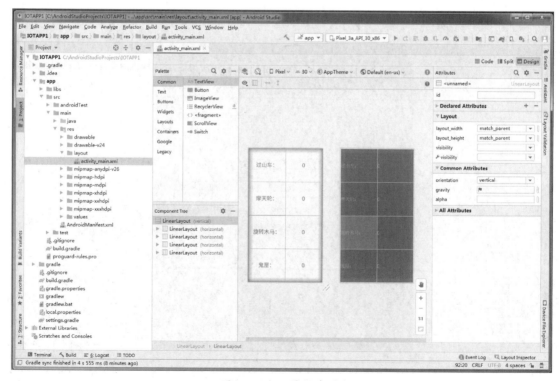

图 5-1-12　界面布局

7. socket 通信模组

为了接收服务端传来的数据,需要使用 socket 通信模组。Socket 是对网络中不同主机上的应用进程之间进行双向通信端点的抽象,是通信的基石,用"ip 地址:端口号"表示。下面对 java 自带的 socket 库进行封装,实现一个最简单的 socket 通信模组。

首先在如图 5-1-13 所示位置新建 MySocket 类,继承 java.net.Socket 类。

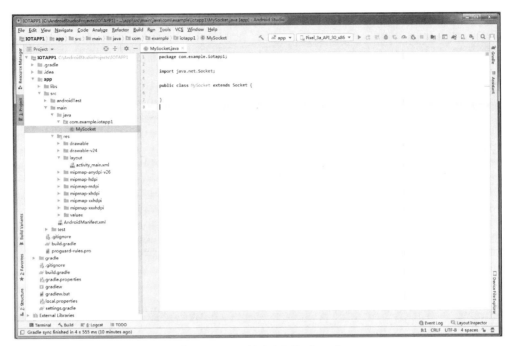

图 5-1-13　新建 MySocket 类

MySocket 类拥有 5 个私有变量,分别为 ip 地址、端口号、输出流、输入流和一个 MySocket 实例(方便多个 activity 获取同一个 socket)。InitSocket 函数根据传入的地址和端口号初始化该实例并获取相应输入输出流,sendInfo 函数将传入的信息通过输出流传输给服务端,getInfo 函数负责获取服务端传来的字节流并转换为字符串。核心代码如图 5-1-14 所示。

8. 接收服务端数据并更新界面

在和 MySocket 相同位置创建 MainActivity 类,继承 Activity 类,该活动负责处理应用唯一的页面,如图 5-1-15 所示。

由于不同主机的 ip 地址不同,需要通过修改 properties 配置文件来选择服务端的 ip 地址。首先在如图 5-1-16 所示位置建立 assets 文件夹,在其中建立 config.properties 配置文件,内容格式如图 5-1-17 所示,第一行为服务器 ip 地址,第二行为约定的端口号。

onCreate 函数会在该 activity 被创建时调用,首先根据第 5 步所指定的每个显示数值的文本框的 id 在 onCreate 函数中获取该组件,接着通过 getProperties 函数从配置文件内读取 ip 地址和端口号,并初始化 socket。需要注意的是,android 中不允许主线程进行网络通信,因为这会造成阻塞,使程序界面假死,因此一切网络通信操作都要在子线程中进行,在 initSocket 函数中就新建了一个子线程,在子线程中调用了 MySocket 类的初始化方法。

物联网技术及应用

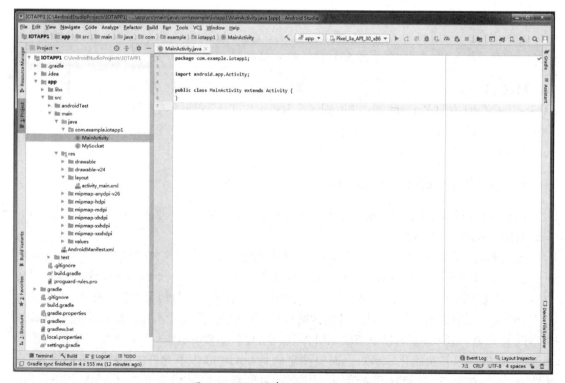

图 5-1-14 MySocket 类

图 5-1-15 创建 MainActivity 类

第 5 章 物联网应用开发

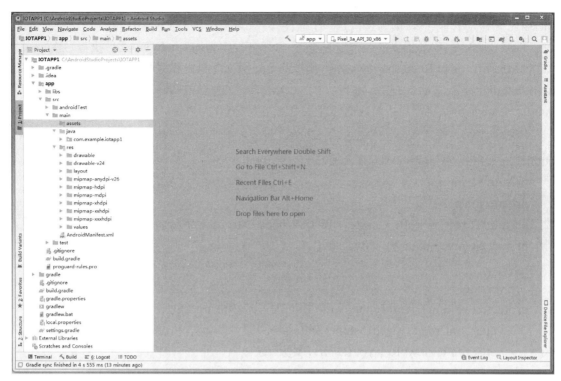

图 5-1-16　建立 assets 文件夹

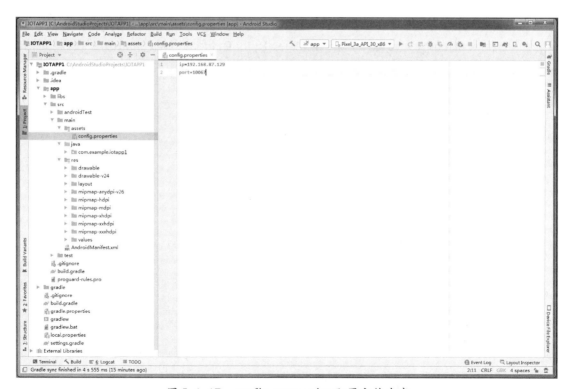

图 5-1-17　config.properties 配置文件内容

GetInfo 函数负责调用 MySocket 的 getInfo 方法获取服务端发来的数据，并通过 Message 传送给其他线程，因为这也是一个联网操作，因此也在子线程中执行。

TimerTask 是 Java 提供的一个定时器类，将任务设定为 getInfo，每 10 秒执行一次。

RefreshData 和 RefreshViews 方法顾名思义分别负责刷新数据和界面，在 handler 中被调用，handler 是消息的处理者，每当收到 getInfo 函数送出的 Message，handler 就会调用 handleMessage 方法将消息中的数据处理并更新相应的 UI。

代码如下：

```java
public class MainActivity extends Activity {
    private String ip;
    private int port;
    private TextView rollerCoaster, ferrisWheel, carousel, hauntedHouse;
    private String[] data = {"0", "0", "0", "0"};

    @Override
    protected void onCreate(@Nullable Bundle savedInstanceState) {
        super.onCreate(savedInstanceState);
        setContentView(R.layout.activity_main);

        rollerCoaster = (TextView) findViewById(R.id.roller_coaster);
        ferrisWheel = (TextView) findViewById(R.id.ferris_wheel);
        carousel = (TextView) findViewById(R.id.carousel);
        hauntedHouse = (TextView) findViewById(R.id.haunted_house);

        getProperties();
        Log.e("sb", ip + ":" + port);
        initSocket();

        TimerTask task = new TimerTask() {
            @Override
            public void run() {
                getInfo();
            }
        };
        Timer timer = new Timer();
        timer.scheduleAtFixedRate(task, 10000, 10000);
    }

    private void getProperties() {
        try {
```

```
            Properties properties = new Properties();
            properties.load(getAssets().open("config.properties"));
            ip = properties.getProperty("ip");
            port = Integer.parseInt(properties.getProperty("port"));
        } catch (Exception e) {
            e.printStackTrace();
        }
    }

    private void initSocket() {
        new Thread(new Runnable() {
            @Override
            public void run() {
                try {
                    MySocket.initSocket(ip, port);
                } catch (Exception e) {
                    e.printStackTrace();
                }
            }
        }).start();
    }

    private void getInfo() {
        try {
            final String info = MySocket.getInfo();
            new Thread(new Runnable() {
                @Override
                public void run() {
                    Message msg = new Message();
                    Bundle bundle = new Bundle();
                    bundle.putString("info", info);
                    msg.setData(bundle);
                    handler.sendMessage(msg);
                }
            }).start();
        } catch (Exception e) {
            e.printStackTrace();
        }
    }
```

```java
private void refreshData(String info) {
    JSONObject jsonObject = (JSONObject) JSON.parse(info);
    data[0] = jsonObject.getString("0700");
    data[1] = jsonObject.getString("0701");
    data[2] = jsonObject.getString("0702");
    data[3] = jsonObject.getString("0703");
}

private void refreshViews() {
    rollerCoaster.setText(data[0]);
    ferrisWheel.setText(data[1]);
    carousel.setText(data[2]);
    hauntedHouse.setText(data[3]);
}

@SuppressLint("HandlerLeak")
Handler handler = new Handler() {
    @Override
    public void handleMessage(@NonNull Message msg) {
        super.handleMessage(msg);
        refreshData(msg.getData().getString("info"));
        refreshViews();
    }
};
}
```

5.2 智能酒店管理应用开发

5.2.1 功能概述

住客在办理完酒店入住手续后,可以通过移动端输入自己的房号与姓氏拼音,进行身份验证,成功后,自动读取配置文件中的 IP 地址与后台服务器进行连接收发操作,并可以实时监控房间内的温湿度并对灯光进行控制。

5.2.2 功能设计

智能酒店管理应用共有两个界面:登录和监控,如图 5-2-1 所示。在登录界面输入正确的住宿房号和住宿人姓氏拼音后单击登录按钮即可跳转到监控界面。监控界面会实时显示房间内温湿度等情况,并可以控制台灯和廊灯的开与关,还能控制房内空调温度的增减。

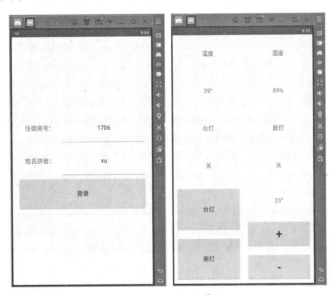

图 5-2-1 应用界面

1. 登录界面设计

填写正确的住宿房间号以及住宿人姓氏拼音后,通过登录按钮登录并跳转到监控界面。登录成功后后台显示如图 5-2-2 所示。

2. 监控界面设计

能够接收数据源发出的数据,包括:台灯状态、廊灯状态、房内温度、空气湿度。能够发送指令，包括：开关台灯、开关廊灯、调节空调温度。成功发送指令后，后台显示状态如图 5-2-3 所示。

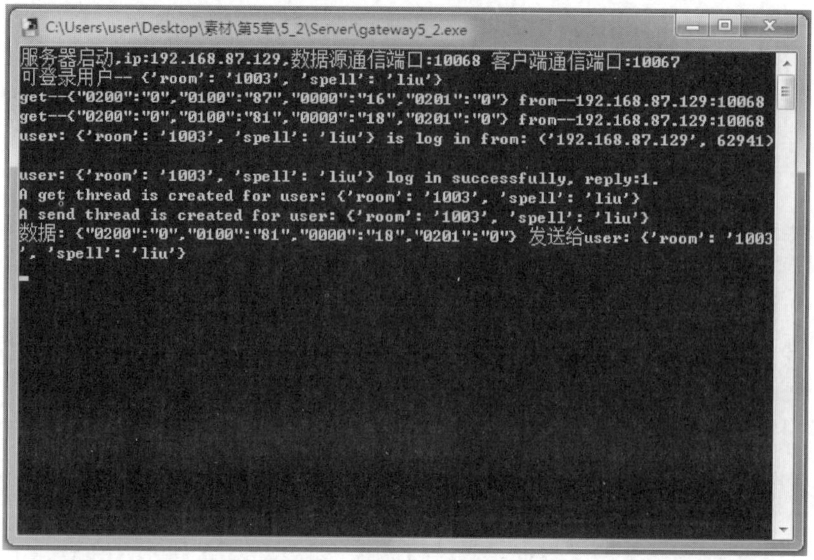

图 5-2-2　登录成功时后台显示

图 5-2-3　成功发送指令后后台显示状态

5.2.3　功能实施

1. 准备工作

APP 接收的数据由配套资源内的第 5 章\5_2 进行仿真，首先启动第 5 章\5_2\DataSource\server.exe，将第 5 章\5_2\Server\config.txt 第一行修改为本机 ip 地址后运行第 5 章\5_2\Server\gateway5_2.exe。样例工程为第 5 章\5_2\IOTAPP2。

2. 创建项目并加入 Fastjson 包

如图 5-2-4 所示创建 Android 工程,方法同 5.1 节。

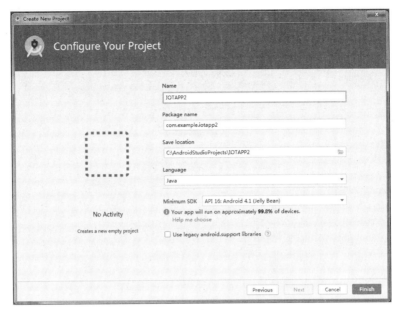

图 5-2-4　创建 Android 工程

3. AndroidManifest.xml 配置

首先在 manifest 结点中加入接入网络的权限。与 5.1 节相比,本节应用涉及到两个页面,因此要在 application 结点中相应加入两个 activity 结点,LoginActivity 和 MainActivity,为了使程序启动时第一个显示登录页面,在 LoginActivity 的 intent-filter 的 action 元素设置为 android.intent.action.MAIN,且两者都加入 android.intent.catefory.LAUNCHER 的 category 元素,如图 5-2-5 所示。

4. layout 布局

与 5.1 节类似,在新建的 layout 文件夹中建立名为 activity_login.xml 和 activity_main.xml 的 Layout Resource 文件,分别用于描述登录页面和监控页面,如图 5-2-6 所示。

同样使用 LinearLayout 的相互嵌套进行布局,在登录页面中,需要用户输入住宿房号和姓氏拼音,因此需要在根 LinearLayout 中加入三个 LinearLayout,在前两个中分别加入一个 TextView 用于显示提示,一个 EditText 用于用户输入,EditText 需要设置单独的 id,再在第三个中加入一个 Button 作为登录按钮,最后给根 LinearLayout 设置垂直和水平的 padding 以将内部组件挤压到屏幕中央。部分代码如图 5-2-7 所示,布局情况如图 5-2-8 所示。

在监控界面中,首先将整个界面分为上下两块,上半部分为监控界面,下半部分为控制界面。上半部分分为左右两块,其中每一块又分为上下两块,形成了一个 2×2 单元的矩形布局。在每个单元中,放置两个垂直分布的文本显示框 TextView,显示该单元所表示数据的含义以及具体数值。下半部分也分为左右两块,左边为垂直分布的两个灯光控制按钮,右边垂直分为三块,分别用于放置空调温度、空调温度增加按钮以及空调温度减少按钮,布局情况如图 5-2-9 所示。

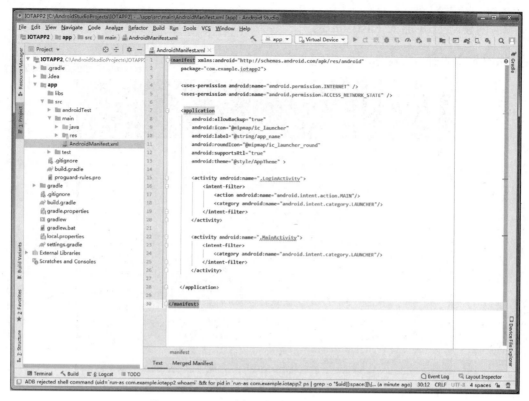

图 5-2-5 AndroidManifest.xml 文件配置

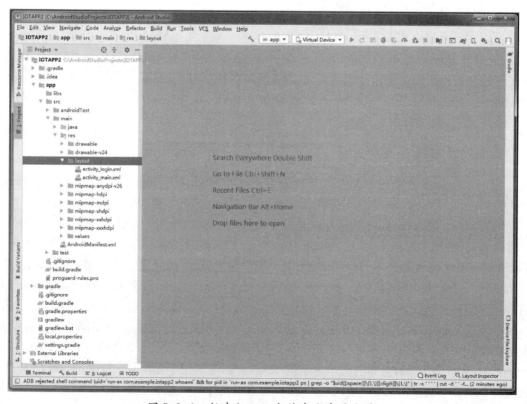

图 5-2-6 新建 layout 文件夹和布局文件

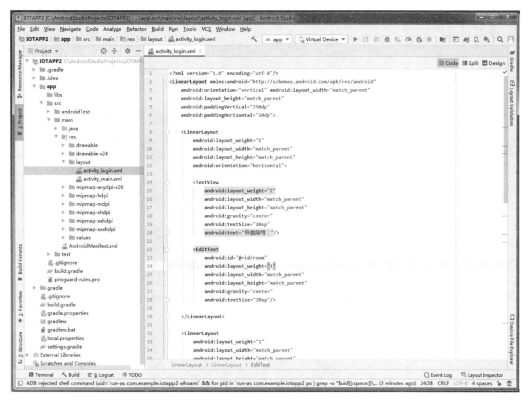

图 5-2-7 activity_login.xml 部分代码

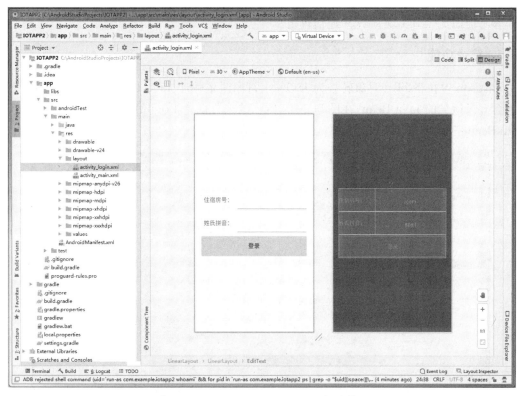

图 5-2-8 activity_login.xml 布局情况

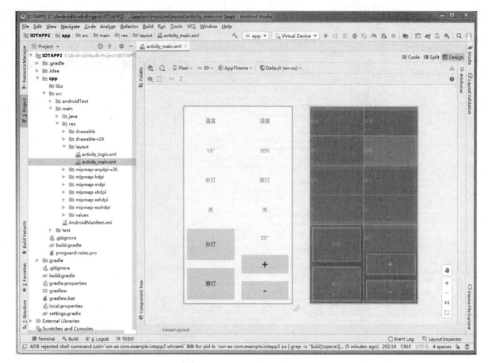

图 5-2-9　监控界面布局

5. 实现 socket 通信模组

参考前面 5.1 节实现 socket 通信模组。

6. 登录功能

Fastjson 包在将 Java 对象转换为 JSON 字符串时依赖于 Java Bean 类，因此需要设计一个包含登录信息的 Java Bean，在图 5-2-10 所示的位置创建 LoginActivity、MainActivity、及 LoginBean 三个类。

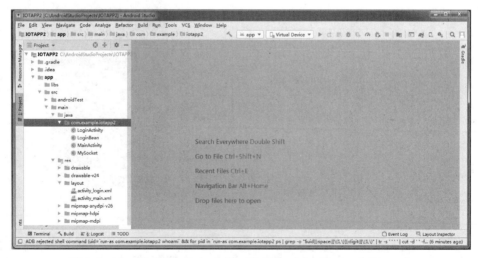

图 5-2-10　创建 LoginActivity、MainActivity 和 LoginBean 类

在 LoginBean 中包含两个属性，住宿房号 room 和姓氏拼音 spell，以及构造函数和相应的 getter、setter 函数，如图 5-2-11 所示。

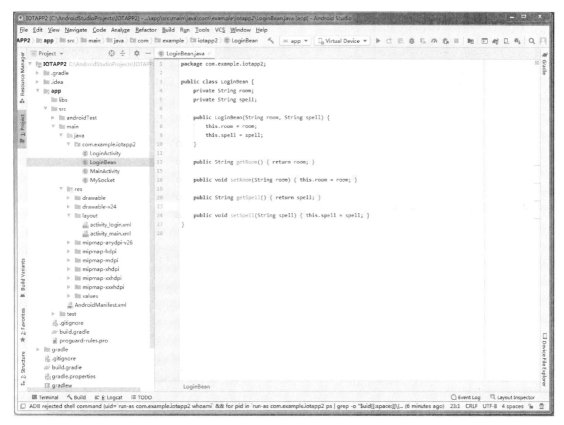

图 5-2-11　LoginBean

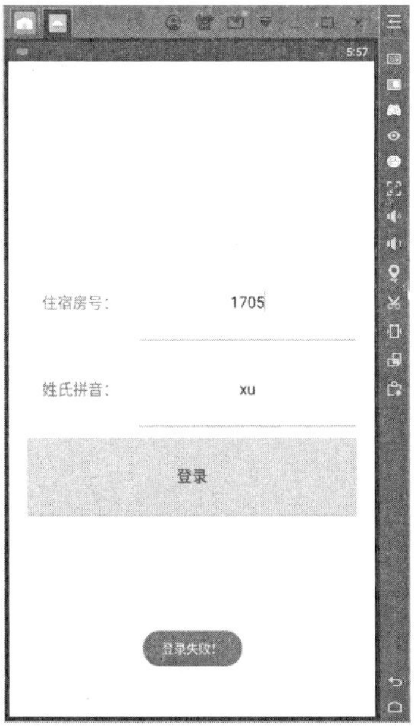

登录界面共包括 3 个可操作对象，住宿房号文本框、姓氏拼音文本框和登录按钮。在 onCreate 函数中获取这三个对象。为登录按钮添加单击监听事件，由于登录操作需要联网通信，所以在监听事件中单击后首先创建新的子线程，在子线程中再调用 login 函数，并将得到的返回值通过 bundle 和 message 传送给主线程。

Login 函数负责将从两个文本框中获得的字符串组装成一个 LoginBean，从 config.properties 配置文件中获取服务器 IP 地址和端口号，并初始化 socket，将 LoginBean 用 fastjson 包转换为 json 格式字符串并发送向服务器。服务器在收到数据后会判断字段值是否合法，若合法返回数字 1，不合法返回数字 0，存放在 state 变量中。

Handler 在获得子线程返回的值后会进行判断，若登录成功则跳转到 MainActivity 并结束当前的 LoginActivity，若失败则通过 Toast 提示"登录失败"的信息，如图 5-2-12 所示。

图 5-2-12　登录失败

代码如下：

```java
public class LoginActivity extends Activity {
    private Button mLoginBtn;
    private EditText mRoomEt;
    private EditText mSpellEt;

    @Override
    protected void onCreate(Bundle savedInstanceState) {
        super.onCreate(savedInstanceState);
        setContentView(R.layout.activity_login);

        mRoomEt = (EditText) findViewById(R.id.room);
        mSpellEt = (EditText) findViewById(R.id.spell);
        mLoginBtn = (Button) findViewById(R.id.login);

        mLoginBtn.setOnClickListener(new View.OnClickListener() {
            @Override
            public void onClick(View arg0) {
                new Thread(new Runnable() {
                    @Override
                    public void run() {
                        int state = login();
                        Message msg = new Message();
                        Bundle bundle = new Bundle();
                        bundle.putInt("state", state);
                        msg.setData(bundle);
                        handler.sendMessage(msg);
                    }
                }).start();
            }
        });
    }

    @SuppressLint("HandlerLeak")
    Handler handler = new Handler() {
        @Override
        public void handleMessage(@NonNull Message msg) {
            super.handleMessage(msg);
            int state = msg.getData().getInt("state");
            if (state == 1) {
                startActivity(new Intent(LoginActivity.this, MainActivity.class));
```

```java
                finish();
            } else if (state == 0) {
                Toast.makeText(LoginActivity.this, "登录失败!", Toast.LENGTH_SHORT).show();
            }
        }
    };

    protected int login() {
        int state = 0;
        try {
            Properties properties = new Properties();
            properties.load(getAssets().open("config.properties"));
            String ip = properties.getProperty("ip");
            int port = Integer.parseInt(properties.getProperty("port"));

            String room = mRoomEt.getText().toString();
            String spell = mSpellEt.getText().toString();
            MySocket.initSocket(ip, port);
            MySocket.sendInfo(JSON.toJSONString(new LoginBean(room, spell)));
            state = Integer.parseInt(MySocket.getInfo());
        } catch (Exception e) {
            e.printStackTrace();
        } finally {
            return state;
        }
    }
}
```

7. 接收服务端数据及重绘界面

```java
public class MainActivity extends Activity {
    private TextView temperature, humidity, tableLamp, corridorLight, airConditioner;

    private Button bt_tl, bt_cl, bt_ac_up, bt_ac_down;

    private String[] data = {"0", "0", "0", "0"};

    private int ac = 25;
```

```java
@SuppressLint("HandlerLeak")
Handler handler = new Handler() {
    @Override
    public void handleMessage(@NonNull Message msg) {
        super.handleMessage(msg);
        refreshData(msg.getData().getString("info"));
        refreshViews();
    }
};

protected void getInfo() {
    try {
        System.out.println("getting info now");
        final String info = MySocket.getInfo();
        new Thread(new Runnable() {
            @Override
            public void run() {
                System.out.println(info);
                Message msg = new Message();
                Bundle bundle = new Bundle();
                bundle.putString("info", info);
                msg.setData(bundle);
                handler.sendMessage(msg);
            }
        }).start();

    } catch (Exception e) {
        e.printStackTrace();
    }
}

@Override
protected void onCreate(@Nullable Bundle savedInstanceState) {
    super.onCreate(savedInstanceState);
    setContentView(R.layout.activity_main);

    temperature = (TextView) findViewById(R.id.temperature);// 温度
    humidity = (TextView) findViewById(R.id.humidity);// 湿度
    tableLamp = (TextView) findViewById(R.id.table_lamp);// 光照度
    corridorLight = (TextView) findViewById(R.id.corridor_light);
```

```java
        airConditioner = (TextView) findViewById(R.id.air_conditioner);

        bt_tl = (Button) findViewById(R.id.bt_table_lamp);
        bt_tl.setOnClickListener(new View.OnClickListener() {
            @Override
            public void onClick(View view) {
                new Thread(new Runnable() {
                    @Override
                    public void run() {
                        try {
                            MySocket.sendInfo("light1 switch");
                            tableLamp.setText(String.valueOf(tableLamp.getText()).equals("关") ? "开" : "关");
                        } catch (Exception e) {
                            e.printStackTrace();
                        }
                    }
                }).start();
            }
        });
        bt_cl = (Button) findViewById(R.id.bt_corridor_light);
        bt_cl.setOnClickListener(new View.OnClickListener() {
            @Override
            public void onClick(View view) {
                new Thread(new Runnable() {
                    @Override
                    public void run() {
                        try {
                            MySocket.sendInfo("light2 switch");
                            corridorLight.setText(String.valueOf(corridorLight.getText()).equals("关") ? "开" : "关");
                        } catch (Exception e) {
                            e.printStackTrace();
                        }
                    }
                }).start();
            }
        });
        bt_ac_up = (Button) findViewById(R.id.bt_ac_up);
        bt_ac_up.setOnClickListener(new View.OnClickListener() {
```

```java
@Override
public void onClick(View view) {
    new Thread(new Runnable() {
        @Override
        public void run() {
            try {
                MySocket.sendInfo("air conditioner + ");
                ac += 1;
                airConditioner.setText(ac + "°");
            } catch (Exception e) {
                e.printStackTrace();
            }
        }
    }).start();
}
});
bt_ac_down = (Button) findViewById(R.id.bt_ac_down);
bt_ac_down.setOnClickListener(new View.OnClickListener() {
    @Override
    public void onClick(View view) {
        new Thread(new Runnable() {
            @Override
            public void run() {
                try {
                    MySocket.sendInfo("air conditioner - ");
                    ac -= 1;
                    airConditioner.setText(ac + "°");
                } catch (Exception e) {
                    e.printStackTrace();
                }
            }
        }).start();
    }
});

TimerTask task = new TimerTask() {
    @Override
    public void run() {
        getInfo();
    }
```

```
    };
    Timer timer = new Timer();
    timer.scheduleAtFixedRate(task, 10000, 10000);
}

private void refreshData(String info) {
    JSONObject jsonObject = (JSONObject) JSON.parse(info);
    System.out.println(jsonObject);

    data[0] = jsonObject.getString("0000");
    data[1] = jsonObject.getString("0100");
    data[2] = jsonObject.getString("0200");
    data[3] = jsonObject.getString("0201");
}

private void refreshViews() {
    temperature.setText(data[0] + "°");
    humidity.setText(data[1] + "%");
}
}
```

8. 向服务端发送指令

每个按钮被单击时，都会向服务器发出指令，因此需要每个按钮都设置单击监听事件。与登录按钮的处理方法类似，在监听事件中创建子线程，在子线程中向服务器发送指令字符串，这里的指令暂用英文语句代替。在灯光开光的单击监听事件中，在向服务器发送指令后将界面的相应灯光状态修改。在调节空调温度的监听事件中，在向服务器发送指令后修改界面的温度显示。具体实现代码可参考配套资源，在此不再详述。

5.3 生态农业系统应用开发

5.3.1 功能概述

在传统农业中,农民凭借经验管理农作物,管理中以人作为主体,而人的管理存在很大局限性。智慧农业通过生态农业系统应用实时查看农业大棚内的温度、湿度及光照强度等情况,并能根据需要进行设置和调整,同时也能查询相关历史数据,为农作物生长提供科学依据,达到增收、改善品质、调节生长周期及提高经济效益的目的。

5.3.2 功能设计

生态农业系统应用共有三个界面:登录、监控及历史数据,如图 5-3-1 所示。在登录界面输入用户名和密码后单击登录按钮即可跳转到监控界面。监控界面显示大棚内实时情况,包括温度、湿度和光照强度,并能进行控制。历史数据界面可以从数据库中查询最近 50 次状态变化数据。

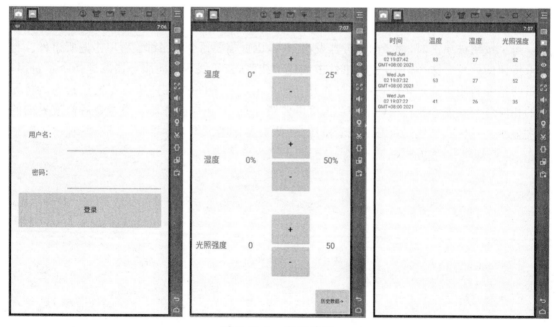

图 5-3-1 应用界面

5.3.3 功能实施

（1）准备工作。

APP 接收的数据由附件内的第 5 章\5_3 进行仿真,首先启动第 5 章\5_3\DataSource\server.exe,将第 5 章\5_3\Server\config.ini 内的 ip 项修改为本机 ip 地址后运行第 5 章\5_3\Server\gateway5_3.exe。样例工程为第 5 章\5_3\IOTAPP3。

（2）如图 5-3-2 所示,创建项目并加入 fastjson 包。

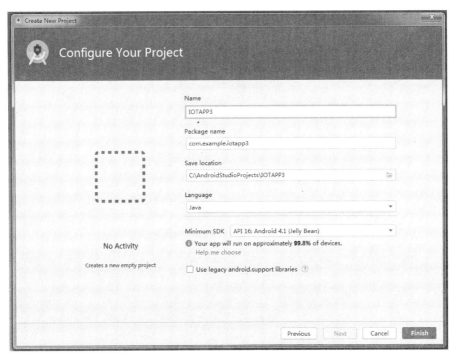

图 5-3-2　创建 Android 工程

（3）AndroidManifest.xml 配置。

涉及到三个页面,分别为 LoginActivity(登录界面)、MainActivity(监控界面)和 HistoryActivity(历史界面),配置如图 5-3-3 所示。

（4）layout 布局。

在新建的 layout 文件夹中建立三个 activity 对应的 Layout Resource 文件,由于在历史页面涉及到 ListView,因此还需要一个额外的 ListView 中的行内布局 item.xml,如图 5-3-4 所示。

登录页面布局和 5.2 节中的登录页面相仿,如图 5-3-5 所示。

监控页面分四块,温度、湿度、光照强度和向历史页面跳转的按钮,每块又分为实时显示和控制面板,效果如图 5-3-6 所示。

历史数据页面中,每行包括 4 个字段,分别为时间、温度、湿度和光照强度,因此 item.xml 由一个 LinearLayout 和其中 4 个 TextView 构成,每个 TextView 有单独的 id,如图 5-3-7 所示。

Activity_history 由表头和列表组成,表头和 item.xml 中的格式类似,列表则使用一个 ListView 来实现,需要有 id,代码如图 5-3-8 所示,布局如图 5-3-9 所示。

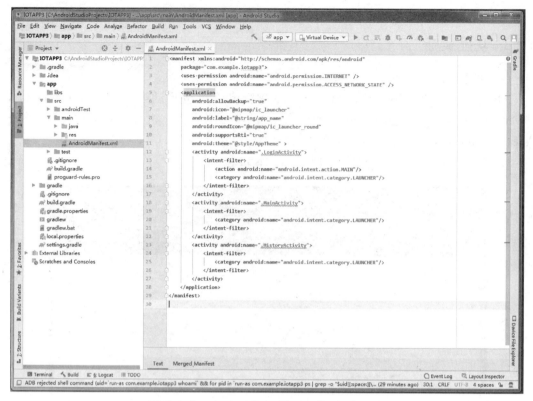

图 5-3-3　AndroidManifest.xml 文件配置

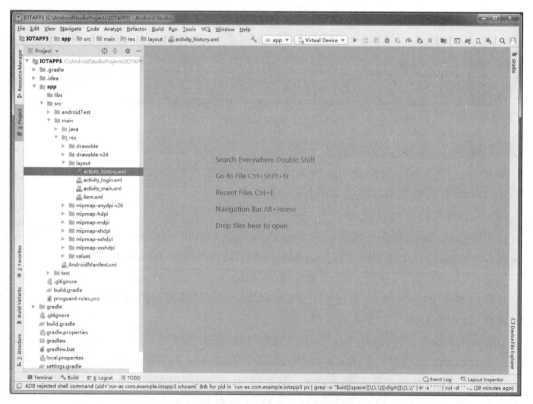

图 5-3-4　新建 layout 文件夹和布局文件

第 5 章 物联网应用开发

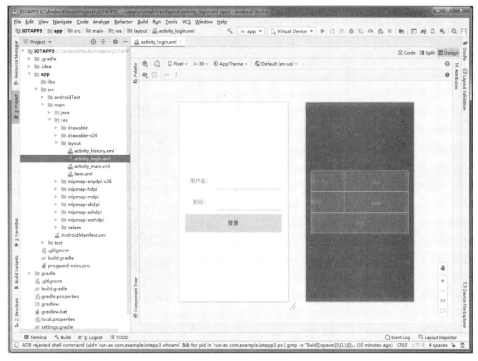

图 5-3-5　activity_login.xml 布局情况

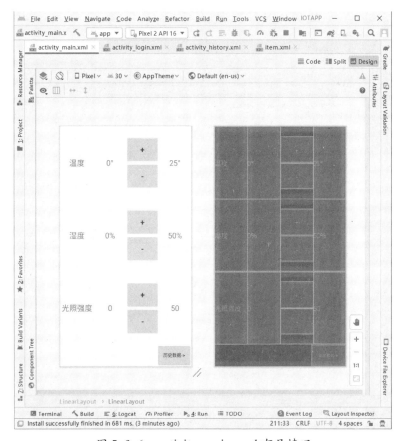

图 5-3-6　activity_main.xml 布局情况

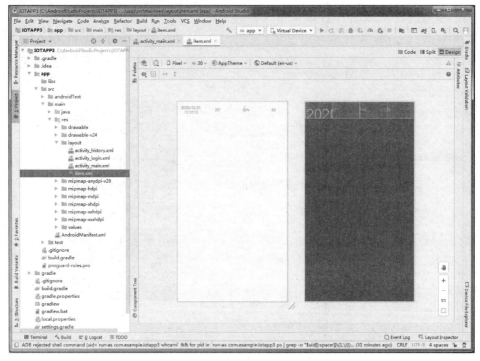

图 5-3-7　item.xml 布局情况

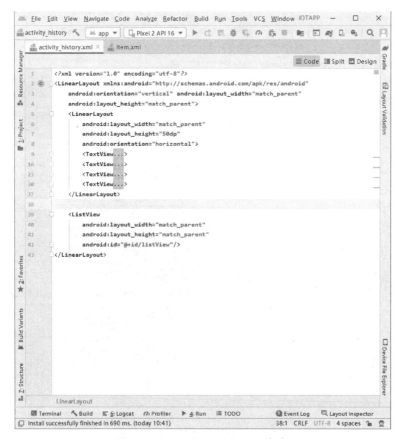

图 5-3-8　activity_history 内容

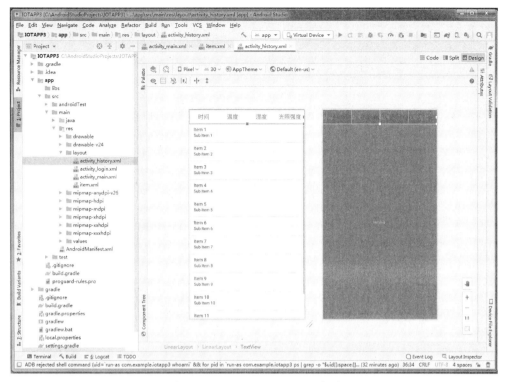

图 5-3-9　activity_history 布局

（5）登录功能。

LoginBean 中的属性为 user 和 pwd,其余同 5.2 节。

（6）实现 socket 通信模块。

（7）接收服务端数据及重绘界面。

此部分功能实现与 5.2 节大致相同。在 Handler 中,在接收到 Message 后,不仅更新数据和界面,同时也将接收到的数据通过 save2db 函数存入 SQLite 中。

要用到 SQLite,首先需要一个继承了抽象 SQLiteOpenHelper 的类,在该类中,定义创建 SQLite 和更新 SQLite 时的行为,在创建 SQLite 时,创建了本应用需要的 farming 表,如图 5-3-10 所示。

在 Activity 中,通过如下语句访问 SQLite。

private SQLiteDatabase db;
DatabaseHelper databaseHelper = new DatabaseHelper(this, "test_db", null, 1);
db = databaseHelper.getWritableDatabase();

Save2db 函数如图 5-3-11 所示,定义一个内容,并将实时的数据以键值对的方式填入,然后插入 farming 表。

（8）发送指令。

（9）调用数据库内的数据并显示。

在 HistoryActivity 中,从 SQLite 数据库中获取 MainActivity 存入数据库的内容,并装填到 ListView 中。在 getData 函数中,以 HashMap 的列表为载体存储数据库中取出的内容,并通过 adapter 适配器填充到 ListView 中。

物联网技术及应用

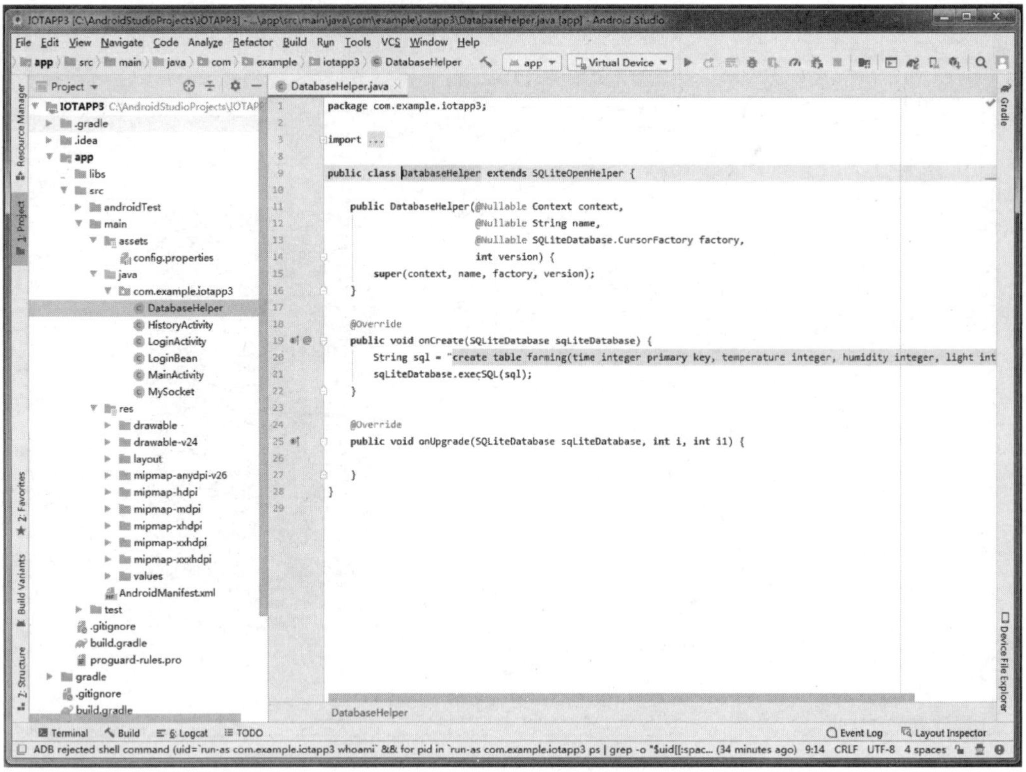

图 5-3-10　DatabaseHelper 类

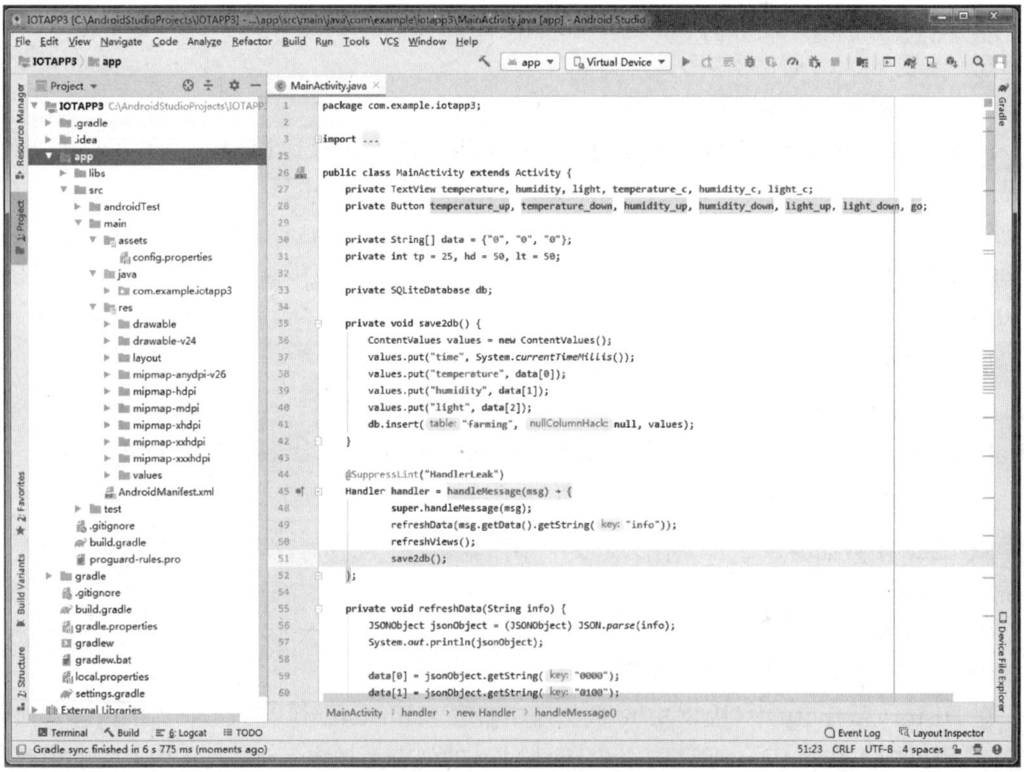

图 5-3-11　save2db 函数

· 232 ·

代码如下：

```java
public class HistoryActivity extends Activity {
    private ListView listView;
    private SQLiteDatabase db;

    @Override
    public void onCreate(Bundle savedInstanceState) {
        super.onCreate(savedInstanceState);
        setContentView(R.layout.activity_history);
        listView = (ListView) findViewById(R.id.listView);
        DatabaseHelper databaseHelper = new DatabaseHelper(this, "test_db", null, 1);
        db = databaseHelper.getWritableDatabase();
        getData();
    }

    private void getData() {
        List<HashMap<String, Object>> data = new ArrayList<HashMap<String, Object>>();
        DatabaseHelper databaseHelper = new DatabaseHelper(this, "test_db", null, 1);
        db = databaseHelper.getWritableDatabase();
        Cursor cursor = db.query("farming", new String[]{"time", "temperature", "humidity", "light"}, null, null, null, null, "time desc", "50");
        while(cursor.moveToNext()) {
            SimpleDateFormat format = new SimpleDateFormat("yyyy-MM-dd HH:mm:ss");
            Long time = new Long(cursor.getString(cursor.getColumnIndex("time")));
            String d = format.format(time);
            Date date = null;
            try {
                date = format.parse(d);
            } catch (Exception e) {
                e.printStackTrace();
            }

            HashMap<String, Object> item = new HashMap<String, Object>();
            item.put("time", date);
            item.put("temperature", cursor.getString(cursor.getColumnIndex("temperature")));
```

```
            item. put ( " humidity ", cursor. getString ( cursor. getColumnIndex
("humidity")));
            item.put("light", cursor.getString(cursor.getColumnIndex("light")));
            data.add(item);
        }

        SimpleAdapter adapter = new SimpleAdapter(
                getApplicationContext(),
                data,
                R.layout.item,
                new String[]{"time", "temperature", "humidity", "light"},
                new int[]{R.id.column_time, R.id.column_humidity, R.id.column_temperature, R.id.column_light});

        listView.setAdapter(adapter);
    }
}
```

5.4 智慧城市生活应用开发

5.4.1 功能概述

智慧城市运用信息和通信技术手段感测、分析、整合城市运行核心系统中的关键信息,从而对包括民生、环保、公共安全、城市服务、工商活动在内的各种需求做出智能响应。在智慧城市生活中,民生、环保、公共安全是最基本的需求。本案例涉及用于监控城市中各基本数据指标,如:温度、湿度、PM2.5、某区域人数等,收集并整理这些数据,用可视化的方式展现到 APP 上,给人们带来便捷的信息服务。

图 5-4-1 展示了 APP 的实际操作界面,其中(1)为主界面,(2)为温度的可视化界面,(3)为湿度的可视化界面,(4)为 PM2.5 的可视化界面,(5)为各区域人数占比的可视化界面,(6)为各区域人数和总人数的可视化界面。

图 5-4-1 (1)主界面

图 5-4-1 (2)温度界面

图 5-4-1 (3)湿度界面

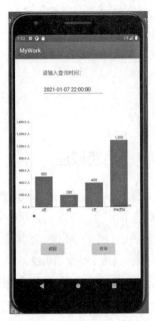

图 5-4-1　（4）PM2.5 面　　图 5-4-1　（5）人数占比界面　　图 5-4-1　（6）总人数比界面

5.4.2　功能设计

设计流程如图 5-4-2 所示。

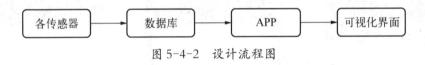

图 5-4-2　设计流程图

设计步骤：

（1）数据监测：利用温度传感器、湿度传感器、PM2.5 传感器、人体红外传感器，可以进行实时监控。

（2）数据存储：将获取的数据按一定的规则进行整理，并存入数据库。

（3）数据读取：APP 端远程访问数据库读取有关数据。

（4）可视化：利用 Android Studio 外包导入可视化图表，将读取到的数据传入图表，生成统计图。

5.4.3　功能实施

1. 设计数据库结构

如图 5-4-3　所示分别定义出 id、temp、humidity、pm25、area1、area2、area3、time 8 个字段。

如图 5-4-4　所示将数据存入数据库。

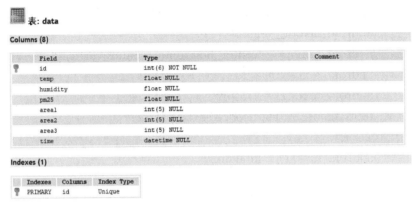

表: data

Columns (8)

	Field	Type	Comment
🔑	id	int(6) NOT NULL	
	temp	float NULL	
	humidity	float NULL	
	pm25	float NULL	
	area1	int(5) NULL	
	area2	int(5) NULL	
	area3	int(5) NULL	
	time	datetime NULL	

Indexes (1)

	Indexes	Columns	Index Type
🔑	PRIMARY	id	Unique

图 5-4-3　数据库结构

1 信息　2 表数据　3 信息

	id	temp	humidity	pm25	area1	area2	area3	time
☐	1	18	45	33	500	500	500	2021-01-07 00:00:00
☐	2	16	40	44	800	800	800	2021-01-07 02:00:00
☐	3	17	38	46	1000	1000	1000	2021-01-07 04:00:00
☐	4	15	33	45	1100	1100	1100	2021-01-07 06:00:00
☐	5	15	29	42	1000	1000	1000	2021-01-07 08:00:00
☐	6	10	28	41	1200	1200	1200	2021-01-07 10:00:00
☐	7	7	25	44	1300	1300	1300	2021-01-07 12:00:00
☐	8	8	25	40	1500	1500	1500	2021-01-07 14:00:00
☐	9	5	24	50	1800	1800	1800	2021-01-07 16:00:00
☐	10	-1	22	51	2000	2000	2000	2021-01-07 18:00:00
☐	11	-5	20	48	1500	1500	1500	2021-01-07 20:00:00
☐	12	0	25	45	500	200	400	2021-01-07 22:00:00
*	(Auto)	(NULL)	(NULL)	(NULL)	(NULL)	(NULL)	(NULL)	(NULL)

图 5-4-4　数据表

2. 设计主界面

图 5-4-5　底部标签

如图 5-4-5 所示绘制出底部选项栏。

利用 LinearLayout 组件水平排列元素，再将五个标签以 TextView 的形式插入 LinearLayout 中，代码如下：

```
<LinearLayout
        android:layout_width = "match_parent"
        android:layout_height = "64dp"
        android:orientation = "horizontal"
        app:layout_constraintBottom_toBottomOf = "parent"
        app:layout_constraintStart_toStartOf = "parent"
        tools:ignore = "UselessLeaf">
        <TextView
            android:id = "@ + id/item1"
            android:layout_width = "0dp"
```

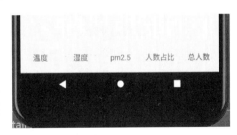

```xml
        android:layout_height = "match_parent"
        android:layout_weight = "1"
        android:gravity = "center_horizontal|center_vertical"
        android:text = "温度"
        android:textSize = "16sp"
        tools:ignore = "HardcodedText,SpUsage" />
    <TextView
        android:id = "@+id/item2"
        android:layout_width = "0dp"
        android:layout_height = "match_parent"
        android:layout_weight = "1"
        android:gravity = "center_horizontal|center_vertical"
        android:text = "湿度"
        android:textSize = "16sp"
        tools:ignore = "HardcodedText,SpUsage" />
    <TextView
        android:id = "@+id/item3"
        android:layout_width = "0dp"
        android:layout_height = "match_parent"
        android:layout_weight = "1"
        android:gravity = "center_horizontal|center_vertical"
        android:text = "pm2.5"
        android:textSize = "16sp"
        tools:ignore = "HardcodedText,SpUsage" />
    <TextView
        android:id = "@+id/item4"
        android:layout_width = "0dp"
        android:layout_height = "match_parent"
        android:layout_weight = "1"
        android:gravity = "center_horizontal|center_vertical"
        android:text = "人数占比"
        android:textSize = "16sp"
        tools:ignore = "HardcodedText,SpUsage" />
    <TextView
        android:id = "@+id/item5"
        android:layout_width = "0dp"
        android:layout_height = "match_parent"
        android:layout_weight = "1"
        android:gravity = "center_horizontal|center_vertical"
        android:text = "总人数"
```

```
android:textSize = "16sp"
    tools:ignore = "HardcodedText,SpUsage" />
</LinearLayout>
```

为五个标签分别创建各自的 Java 类，代码如下：

```
public class temp extends AppCompatActivity{
    @Override
    protected void onCreate(Bundle savedInstanceState){
        super.onCreate(savedInstanceState);
        setContentView(R.layout.temp);
    }
}
```

3. 设计跳转界面

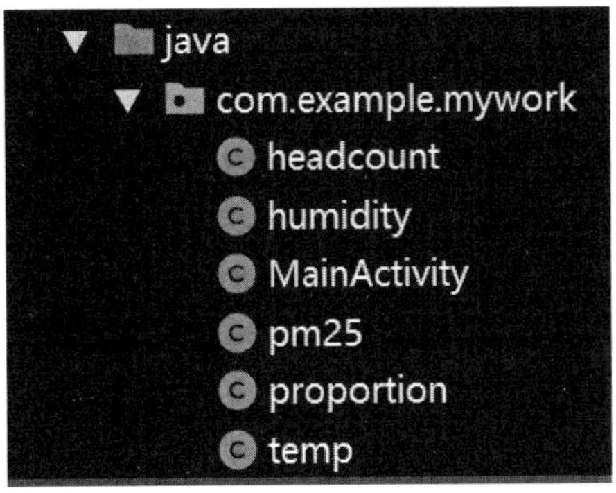

以上代码为 temp 类，其他几个类同理，如图 5-4-6 所示。

在 MainActivity 类中为五个标签设置监听事件——单击跳转效果，代码如下：

图 5-4-6　五个标签类

```
TextView item1 = findViewById(R.id.item1);
    item1.setOnClickListener(new View.OnClickListener(){
        @Override
        public void onClick(View v){
            Intent tamp = new Intent();
            //this 前面为当前 activty 名称,class 前面为要跳转到得 temp 名称
            tamp.setClass(MainActivity.this, temp.class);
            startActivity(tamp);
        }
    });
TextView item2 = findViewById(R.id.item2);
item2.setOnClickListener(new View.OnClickListener(){
    @Override
    public void onClick(View v){
        Intent humidity = new Intent();
        //this 前面为当前 activty 名称,class 前面为要跳转到得 humidity 名称
        humidity.setClass(MainActivity.this, humidity.class);
        startActivity(humidity);
    }
```

```java
        });
        TextView item3 = findViewById(R.id.item3);
        item3.setOnClickListener(new View.OnClickListener(){
            @Override
            public void onClick(View v) {
                Intent pm25 = new Intent();
                //this 前面为当前 activty 名称,class 前面为要跳转到得 pm25 名称
                pm25.setClass(MainActivity.this,pm25.class);
                startActivity(pm25);
            }
        });
        TextView item4 = findViewById(R.id.item4);
        item4.setOnClickListener(new View.OnClickListener(){
            @Override
            public void onClick(View v) {
                Intent proportion = new Intent();
                //this 前面为当前 activty 名称,class 前面为要跳转到得 proportion 名称
                proportion.setClass(MainActivity.this,proportion.class);
                startActivity(proportion);
            }
        });
        TextView item5 = findViewById(R.id.item5);
        item5.setOnClickListener(new View.OnClickListener(){
            @Override
            public void onClick(View v) {
                Intent headcount = new Intent();
                //this 前面为当前 activty 名称,class 前面为要跳转到得 headcount 名称
                headcount.setClass(MainActivity.this,headcount.class);
                startActivity(headcount);
            }
        });
```

4. 设计界面按钮

为五个标签分别创建界面,如图 5-4-7 所示。
分别在五个界面中添加"返回"按钮(Button),如图 5-4-8 所示。
代码如下:

```xml
<Button
    android:id = "@+id/button1"
    android:layout_width = "wrap_content"
```

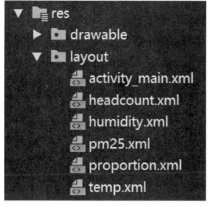

图 5-4-7 五个界面

图 5-4-8 返回按钮

```
android:layout_height = "wrap_content"
android:layout_marginStart = "160dp"
android:layout_marginLeft = "160dp"
android:layout_marginBottom = "35dp"
android:text = "返回"
app:layout_constraintBottom_toBottomOf = "parent"
app:layout_constraintStart_toStartOf = "parent"
tools:ignore = "HardcodedText,MissingConstraints" />
```

给"返回"Button 设置监听事件——单击返回主界面,其他几个类同理。

```
Button button1 = findViewById(R.id.button1);
button1.setOnClickListener(new View.OnClickListener(){
    @Override
    public void onClick(View v) {
        Intent temp = new Intent();
        //this 前面为当前 temp 名称,class 前面为要跳转到得 MainActivity 名称
        pm25.setClass(temp.this,MainActivity.class);
        startActivity(temp);
    }
});
```

在 AndroidManifest.xml 的＜application＞＜/application＞标签中添加关联,代码如下:

```
<!--把"mywork"改为自己的项目名-->
<activity android:name = "com.example.mywork.humidity"/>
<activity android:name = "com.example.mywork.pm25"/>
<activity android:name = "com.example.mywork.proportion"/>
<activity android:name = "com.example.mywork.headcount"/>
```

为五个界面添加"查询"按钮(Button),如图 5-4-9 所示,其余几个界面的操作以此类推。

代码如下:

```
<Button
        android:id = "@+id/button2"
        android:layout_width = "wrap_content"
        android:layout_height = "wrap_content"
        android:layout_marginStart = "120dp"
        android:layout_marginLeft = "120dp"
        android:layout_marginTop = "5dp"
        android:text = "查询"
        app:layout_constraintStart_toEndOf = "@+id/button1"
        tools:ignore = "HardcodedText" />
```

图 5-4-9　查询按钮

5. 设计日历

为 temp、pm25 和 humidity 界面添加"日历"(CalendarView),如图 5-4-10 所示。

代码如下:

```
<CalendarView
        android:id = "@+id/calendarView1"
        android:layout_width = "410dp"
        android:layout_height = "330dp"
        app:layout_constraintStart_toStartOf = "parent"
        app:layout_constraintTop_toTopOf = "parent" />
```

图 5-4-10　日历

读取"日历"中所选择的时间,如图 5-4-11 所示,对所选时间给出提示。

在 temp 类中定义 time 全局变量。

private String time;

代码如下:

```
//读取日历中选择的时间
CalendarView calendarView = findViewById(R.id.calendarView1);
calendarView.setOnDateChangeListener(new CalendarView.OnDateChangeListener() {
    @Override
    public void onSelectedDayChange(CalendarView view, int year, int month, int
```

图 5-4-11　浮动提示框

dayOfMonth){   //时间格式化
　　　String m，d；
　　　month++；//月份从+1
　　　if(month < 10){ m = "0" + month;}else { m = "" + month;}
　　　if(dayOfMonth < 10){ d = "0"+dayOfMonth;}else { d = "" + dayOfMonth;}
　　　time = year + "-" + m + "-" + d；
　　　//浮动提示所选时间
　　　Toast.makeText(temp.this，time，Toast.LENGTH_SHORT).show()；
　　}
});

6. 配置 JDBC

Android 连接 MySQL 数据库需要配置 JDBC，但不是所有的版本都支持。目前支持连接 MySQL 的 JDBC 版本为 mysql-connector-java-5.1.4，Android 系统为 9.0 以上。

将 mysql-connector-java 粘贴到项目\MyWork\app\libs 文件夹下，在 Android Studio 中单击 project 如图 5-4-12 所示，在 libs 目录下可以查看，如图 5-4-13 所示。

图 5-4-12　project

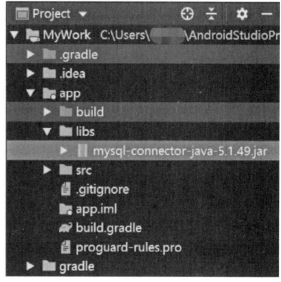
图 5-4-13　libs 目录

单击 File —> Project Structure 如图 5-4-14 所示，单击 Dependencies —> app 添加选择 jar Dependency，如图 5-4-15 所示，Step 1.选择目录下已经导入的 JDBC 包，如图 5-4-16 所示。

返回 Android，如图 5-4-17 所示。

打开 build.gradle(Module:app)，在 dependencies {}中添加引导，代码如下：

implementation files('libs\\mysql-connector-java-5.1.49.jar')//写自己的 JDBC 版本

单击右上角重修加载 gradle，如图 5-4-18 所示，加载成功，如图 5-4-19 所示。

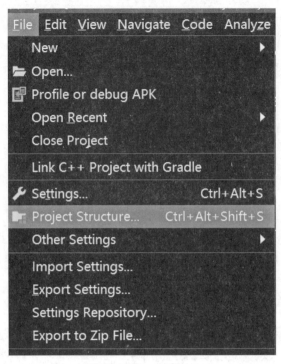

图 5-4-14 File

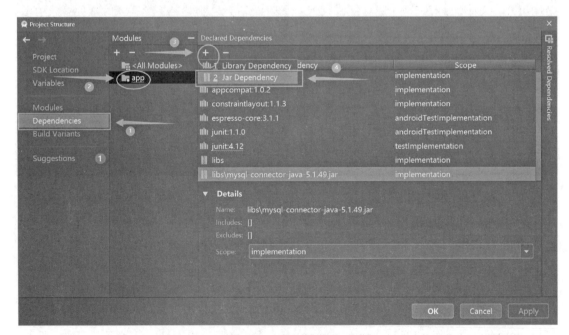

图 5-4-15 app 添加

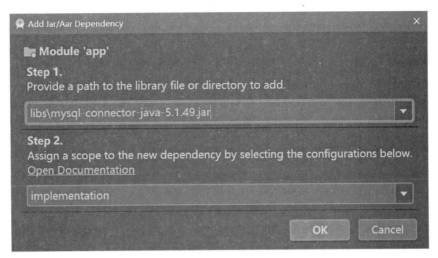

图 5-4-16 添加 JDBC

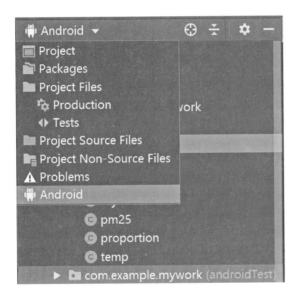

图 5-4-17 Android

图 5-4-18 加载

图 5-4-19 加载成功

7. 配置 Android 系统权限

打开 APP 访问 MySQL 权限，在 AndroidManifest.xml 文件的 ＜manifest＞＜manifest/＞标签中添加如下代码：

＜uses－permission android：name＝"android.permission.INTERNET" /＞

8. 设计 MySQL 数据库查询

在查询按钮（单击事件）中插入数据库查询，代码如下：

```
//连接数据库
    new Thread(new Runnable() {//新开线程
    @Override
    public void run() {
    try {
        Class.forName("com.mysql.jdbc.Driver");
        Log.d("MainActivity","加载 JDBC 驱动成功!");
    //连接数据库（MySQL 服务器地址+库名+用户名+密码）
        Connection conn = DriverManager.getConnection(
            "jdbc:mysql://192.168.1.100:3306/project","root","123456");
        Log.d("MainActivity","连接数据库成功!");
    //sql 查询语句，查询某一天的所有 temp 数据
        String sql = "select temp from data where time like '" + time + "%';";
        Statement st = conn.createStatement();
        ResultSet rs = st.executeQuery(sql);
    //关闭各种操作，防止内存泄露
        conn.close();
        st.close();
        rs.close();
    } catch (ClassNotFoundException e) {
        e.printStackTrace();
    } catch (SQLException e) {
        Log.d("MainActivity","连接数据库失败!");
        e.printStackTrace();
        }
    }
}).start();
```

连接效果如图 5-4-20 所示。

图 5-4-20　连接成功

9. 设计数据格式化

首先在 temp 类中定义一个全局变量 data。

List<Float> data = new ArrayList<>();

在连接数据库方法中添加循环读取算法,并存入 data 数组。

```
while(rs.next()){
    data.add(rs.getFloat("temp"));//存入 temp 字段数据
}
System.out.println(data);//打印格式化数据
```

格式化效果如图 5-4-21 所示。

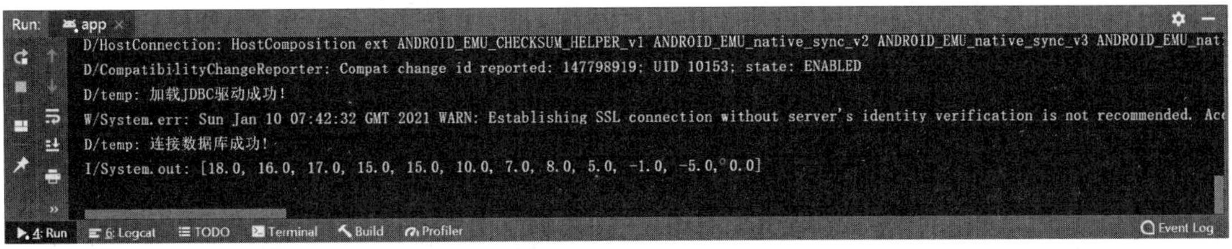

图 5-4-21　格式化效果

10. 设计线程通信

由于连接 MySQL 是新开线程,所以读取到的 data 无法传入主线程,需要使用 Android 系统的 Message 对象来做线程间通信。

需要引入 Handler 和 Message,代码如下:

import android.os.Bundle;

import android.os.Handler;

在连接数据库的方法中添加如下代码:

Message msg = new Message();//创建 message 对象

myHandler.sendMessage(msg);//通过 Handler 句柄发送消息给主线程刷新 UI

在查询监听事件 button2.setOnClickListener(new View.OnClickListener(){})中添加 myHandler 方法,代码如下:

```
Handler myHandler = new Handler(){
            @Override
            public void handleMessage(Message msg){
                super.handleMessage(msg);
            }
        };
```

11. 配置统计图组件

本节的所有统计表都由 MPAndroidChart 绘图组件实现,下面将配置 MPAndroidChart 需要的组件包。

在项目的 build.gridle(Project:项目名)里面配置外包链接(来源 GitHub)。

allprojects{

```
repositories {
    google()
    jcenter()
    maven { url "https://jitpack.io" }
}
```

注：Android Studio3.5 以后的版本改为

maven { url "https://www.jitpack.io" }

导入相关的依赖，在 build.gridle（Module：app）文件的 dependencies {} 中闭包中添加如下代码：

implementation 'com.github.PhilJay：MPAndroidChart：v3.0.2'

单击编译器右上角菜单栏的 Gradle 按钮，如图 5-4-22 所示。

等待加载完毕，即配置成功，如图 5-4-23 所示。

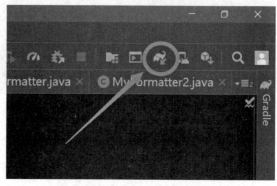

图 5-4-22　Gradle 按钮

图 5-4-23　加载完毕

知识拓展：MPAndroidChart 绘图组件

在 Android Studio 中有自带的绘图组件 View，但其使用方法和调控方式都不方便，MPAndroidChart 给出了一个开源的解决方案，它提供许多不同类型的统计图，如：LineChart（线型图）、BarChart（条状图、垂直、水平、堆叠、分组）、PieChart（饼图）、ScatterChart（散点图）、CandleStickChart（K 线图、蜡烛图）、RadarChart（雷达图、蜘蛛网络图）、BubbleChart（气泡图）等。这类图表可以做到在两个轴上缩放，全模块自定义，还支持实时数据的动态更新，可作为 .jar 文件使用，大小仅为 500 KB 左右。

---

12. 设计温度统计图

温度可视化图表，如图 5-4-24 所示。

在 temp.xml 界面中添加图表组件 LineChart，代码如下：

＜com.github.mikephil.charting.charts.LineChart

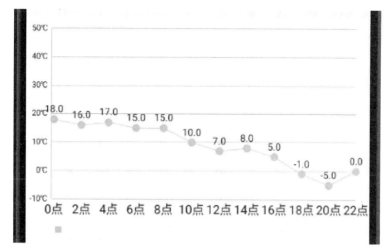

图 5-4-24 温度统计图

```
android:id = "@ + id/LineChart"
android:layout_width = "430dp"
android:layout_height = "270dp"
android:background = "#fff"
app:layout_constraintStart_toStartOf = "parent"
app:layout_constraintTop_toBottomOf = "@ + id/calendarView1"
tools:ignore = "MissingConstraints" />
```

初始化 LineChart 组件,在 public void handleMessage(Message msg){}中添加如下代码:

```
//初始化控件
lineChart = findViewById(R.id.LineChart);
initLineChart();
```

初始化表数据,代码如下:

```
private void initLineChart() {
    lineChart.animateXY(2000,2000);    //呈现动画
    Description description = new Description();
    description.setText("");    //自定义描述
    lineChart.setDescription(description);
    Legend legend = lineChart.getLegend();
    legend.setTextColor(Color.WHITE);
    setYAxis();
    setXAxis();
    setData();
}
```

设置 X 轴数据,代码如下:

```
private void setXAxis(){
```

```java
        // X 轴
        XAxis xAxis = lineChart.getXAxis();
        xAxis.setDrawAxisLine(false); // 不绘制 X 轴
        xAxis.setDrawGridLines(false); // 不绘制网格线
        // X 轴标签数据
        final String[] weekStrs = new String[]{
                "0 点","2 点","4 点","6 点","8 点","10 点",
                "12 点","14 点","16 点","18 点","20 点","22 点"};
        xAxis.setLabelCount(weekStrs.length); // 设置标签数量
        xAxis.setTextColor(Color.GREEN); // 文本颜色
        xAxis.setTextSize(15f); // 文本大小为 18dp
        xAxis.setGranularity(1f); // 设置间隔尺寸
        // 使图表左右留出点空位
        xAxis.setAxisMinimum(-0.1f); // 设置 X 轴最小值
        //设置颜色
        xAxis.setTextColor(Color.BLACK);
        // 设置标签的显示格式
        xAxis.setValueFormatter(new IAxisValueFormatter() {
            @Override
            public String getFormattedValue(float value, AxisBase axis) {
                return weekStrs[(int) value];
            }
        });
        xAxis.setPosition(XAxis.XAxisPosition.BOTTOM); // 在底部显示
    }
```

设置 Y 轴数据,代码如下:

```java
private void setYAxis(){
        YAxis yAxisLeft = lineChart.getAxisLeft();// 左边 Y 轴
        yAxisLeft.setDrawAxisLine(true); // 绘制 Y 轴
        yAxisLeft.setDrawLabels(true); // 绘制标签
        yAxisLeft.setAxisMaxValue(50); // 设置 Y 轴最大值
        yAxisLeft.setAxisMinValue(-10); // 设置 Y 轴最小值
        yAxisLeft.setGranularity(3f); // 设置间隔尺寸
        yAxisLeft.setTextColor(Color.BLACK); //设置颜色
        yAxisLeft.setValueFormatter(new IAxisValueFormatter() {
            @Override
            public String getFormattedValue(float value, AxisBase axis) {
                return (int)value + "°C";
            }
```

```
        });
        // 右侧 Y 轴
        lineChart.getAxisRight().setEnabled(false); // 不启用
    }
```

把从数据库中读取到的数据填充到图表中，代码如下：

```
private void setData(){
        // 把数据传入折线统计图
        List<Entry> yVals = new ArrayList<>();
        for (int i = 0; i < data.size(); i++) {
            yVals.add(new Entry(i, data.get(i)));
        }
        //分别通过每一组 Entry 对象集合的数据创建折线数据集
        LineDataSet lineDataSet1 = new LineDataSet(yVals, "最高温度");
        lineDataSet1.setCircleRadius(5); //设置点圆的半径
        lineDataSet1.setDrawCircleHole(false); // 不绘制圆洞,即为实心圆点
        //值的字体大小为 12dpi
        lineDataSet1.setValueTextSize(12f);
        //将每一组折线数据集添加到折线数据中
        LineData lineData = new LineData(lineDataSet1);
        //设置颜色
        lineData.setValueTextColor(Color.BLACK);
        //将折线数据设置给图表
        lineChart.setData(lineData);
    }
```

13. 设计湿度统计图

湿度可视化图表,如图 5-4-25 所示。

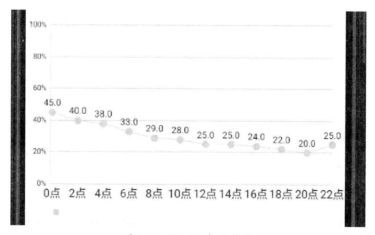

图 5-4-25　湿度统计图

设计 humidity 图表与 temp 同理,参照以上 temp 设计方式。

修改 sql 语句,修改如下:

//查询 humidity 字段
String sql = "select humidity from data where time like '" + time + "%';";

修改循环读取算法,修改如下:

while（rs.next()）{
  //循环读取 temp 对象中的数据存入数组 data
  data.add(rs.getFloat("humidity"));//存入 humidity 字段数据
}

修改湿度图表 Y 轴坐标,修改如下:

private void setYAxis(){
  YAxis yAxisLeft = lineChart.getAxisLeft();
  yAxisLeft.setDrawAxisLine(true);
  yAxisLeft.setDrawLabels(true);
  yAxisLeft.setAxisMaxValue(100); // 设置最大湿度值为 100
  yAxisLeft.setAxisMinValue(0); // 设置最小湿度值为 0
  yAxisLeft.setGranularity(3f);
  yAxisLeft.setTextColor(Color.BLACK);
  yAxisLeft.setValueFormatter(new IAxisValueFormatter() {
    @Override
    public String getFormattedValue(float value, AxisBase axis) {
      return (int)value + "%";//湿度单位为%
    }
  });

14. 设计 PM2.5 统计图

PM2.5 可视化图表,如图 5-4-26 所示。

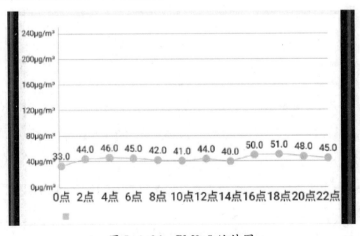

图 5-4-26   PM2.5 统计图

设计 PM2.5 图表与 temp 同理，参照以上 temp 设计方式。

修改 sql 语句，修改如下：

//查询 pm25 字段
String sql = "select pm25 from data where time like '" + time + "%';";

修改循环读取算法，修改如下：

```
while(rs.next()){
    //循环读取 temp 对象中的数据存入数组 data
    data.add(rs.getFloat("pm25 "));//存入 pm25 字段数据
}
```

修改 PM2.5 图表 Y 轴坐标，修改如下：

```
private void setYAxis(){
    YAxis yAxisLeft = lineChart.getAxisLeft();
    yAxisLeft.setDrawAxisLine(true);
    yAxisLeft.setDrawLabels(true);
    yAxisLeft.setAxisMaxValue(250); // 设置最大 PM2.5 值为 250
    yAxisLeft.setAxisMinValue(0); // 设置最小 PM2.5 值为 0
    yAxisLeft.setGranularity(3f);
    yAxisLeft.setTextColor(Color.BLACK);
    yAxisLeft.setValueFormatter(new IAxisValueFormatter() {
        @Override
        public String getFormattedValue(float value, AxisBase axis) {
            return (int)value + "μg/m³";//PM2.5 单位为 μg/m³
        }
    });
```

15. 设计时间选择器

由于此统计图需要查询某一时间的数据，所以这里使用时间选择器，如图 5-4-27 所示。

在 proportion 和 headcount 界面编写如下代码：

```
<EditText
    android:id = "@ + id/editText"
    android:layout_width = "wrap_content"
    android:layout_height = "wrap_content"
    android:layout_marginStart = "95dp"
    android:layout_marginLeft = "95dp"
    android:layout_marginTop = "80dp"
    android:ems = "10"
    android:inputType = "textPersonName"
    android:text = "如：2021 - 01 - 07 08:00:00"
```

图 5-4-27　时间选择器

```
            app:layout_constraintStart_toStartOf = "parent"
            app:layout_constraintTop_toTopOf = "parent"
            tools:ignore = "Autofill,HardcodedText,LabelFor" />
<TextView
            android:id = "@ + id/textView2"
            android:layout_width = "wrap_content"
            android:layout_height = "wrap_content"
            android:layout_marginStart = "95dp"
            android:layout_marginLeft = "95dp"
            android:layout_marginTop = "35dp"
            android:text = "请输入查询时间："
            android:textSize = "18sp"
            app:layout_constraintStart_toStartOf = "parent"
            app:layout_constraintTop_toTopOf = "parent"
            tools:ignore = "HardcodedText" />
```

选择时间的浮动提示框,如图 5-4-28 所示。

在 proportion 类中设置 time 变量。

String time；//全局变量 time

在 protected void onCreate(Bundle savedInstanceState){}中初始化 EditText 组件,代码如下：

final EditText editText = findViewById(R.id.editText);

图 5-4-28　浮动提示框

在查询按钮的 public void onClick(View v){}中添加浮动提示框,代码如下：

//读取查询时间
time = editText.getText().toString();
//浮动提示输入时间
Toast.makeText(proportion.this,time,Toast.LENGTH_SHORT).show();

16. 设计人数占比统计图

人数占比可视化图表,如图 5-4-29 所示。

饼图 PieChart 组件设计如下：

```
<com.github.mikephil.charting.charts.PieChart
            android:id = "@ + id/consume_pie1_chart"
            android:layout_width = "413dp"
            android:layout_height = "293dp"
```

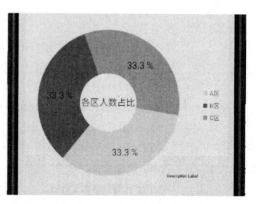

图 5-4-29　人数占比统计图

```
android:layout_marginTop = "65dp"
app:layout_constraintStart_toStartOf = "parent"
app:layout_constraintTop_toBottomOf = "@ + id/editText"
tools:ignore = "MissingConstraints" />
```

连接数据库的方法和 temp 类相同。

修改 sql 语句，修改如下：

```
//sql 查询语句,查询某一时间三个区域的数据
String sql = "select area1,area2,area3 from data where time = '" + time + "';";
```

修改读取数据方法，修改如下：

```
while (rs.next()) {
    //循环读取 temp 对象中的数据存入数组 data
    data.add(rs.getInt("area1"));
    data.add(rs.getInt("area2"));
    data.add(rs.getInt("area3"));
}
System.out.println(data);
```

读取结果如图 5-4-30 所示。

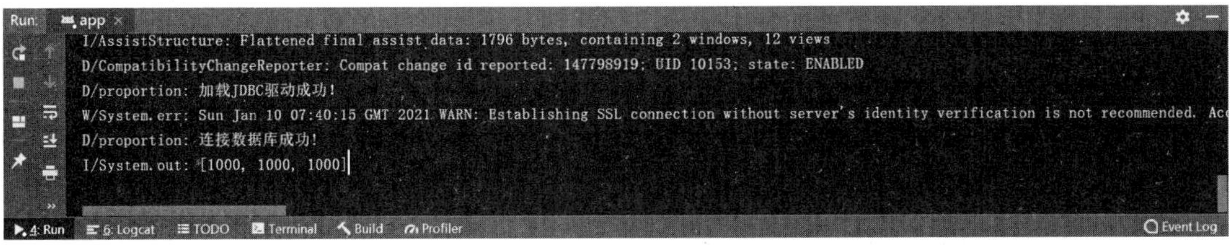

图 5-4-30 data 读取结果

初始化 PieChart 控件，创建 Message 对象的方法和 temp 类相同，在 public void handleMessage(Message msg){}中添加如下代码：

```
pieChart1 = findViewById(R.id.consume_pie1_chart);
bingTu1();
```

在 proportion 类中创建 bingTu1 类，代码如下：

```
private void bingTu1() {
        pieChart1.setUsePercentValues(true);//设置为显示百分比
        pieChart1.setDrawCenterText(true);//设置可以绘制中间的文字
        pieChart1.setCenterTextColor(Color.BLACK);//中间的文本颜色
        pieChart1.setCenterTextSize(18);    //设置中间文本文字的大小
        pieChart1.setDrawHoleEnabled(true);//绘制中间的圆形
        pieChart1.setHoleColor(Color.WHITE);//饼状图中间的圆的绘制颜色
        pieChart1.setHoleRadius(40f);//饼状图中间的圆的半径大小
```

```
pieChart1.setTransparentCircleColor(Color.BLACK);//设置圆环的颜色
pieChart1.setTransparentCircleAlpha(100);//设置圆环的透明度[0,255]
pieChart1.setTransparentCircleRadius(40f);//设置圆环的半径
pieChart1.setRotationEnabled(false);//设置饼状图是否可以旋转(默认为true)
pieChart1.setRotationAngle(10);//设置饼状图旋转的角度
Legend l = pieChart1.getLegend();//设置比例图
l.setMaxSizePercent(100);
l.setTextSize(12);
//设置每个tab的显示位置(这个位置是指下图右边小方框部分的位置)
l.setPosition(Legend.LegendPosition.RIGHT_OF_CHART_CENTER);
l.setXEntrySpace(10f);
l.setYEntrySpace(5f);//设置tab之间Y轴方向上的空白间距值
l.setYOffset(0f);
//饼状图上字体的设置
pieChart1.setDrawEntryLabels(false);//设置是否绘制Label
pieChart1.setEntryLabelTextSize(23f);//设置绘制Label的字体大小
//设置数据百分比和描述
ArrayList<PieEntry> pieEntries = new ArrayList<>();
pieEntries.add(new PieEntry(data.get(0), "A区"));//传入area1区人数
pieEntries.add(new PieEntry(data.get(1), "B区"));//传入area2区人数
pieEntries.add(new PieEntry(data.get(2), "C区"));//传入area3区人数
String centerText = "各区人数占比";
pieChart1.setCenterText(centerText);//设置圆环中间的文字
PieDataSet pieDataSet = new PieDataSet(pieEntries, "");
ArrayList<Integer> colors = new ArrayList<>();
// 饼图颜色
colors.add(Color.rgb(0, 255, 0));
colors.add(Color.rgb(0, 0, 255));
colors.add(Color.rgb(255, 0, 0));
pieDataSet.setColors(colors);
pieDataSet.setSliceSpace(0f);//设置选中的Tab到两边的距离
pieDataSet.setSelectionShift(5f);//设置选中的tab的多出来的
PieData pieData = new PieData();
pieData.setDataSet(pieDataSet);
//各个饼状图所占比例数字的设置
pieData.setValueFormatter(new PercentFormatter());//设置%
pieData.setValueTextSize(18f);
pieData.setValueTextColor(Color.BLACK);//设置饼图数值颜色为黑色
pieChart1.setData(pieData);
pieChart1.highlightValues(null);
```

```
       pieChart1.invalidate();
}
```

17. 设计各区人数和总人数统计图

此统计图需要查询某一时间的数据，时间选择器和浮动提示框的设计与人数占比统计图方法相同。

设计柱状图，如图 5-4-31 所示。

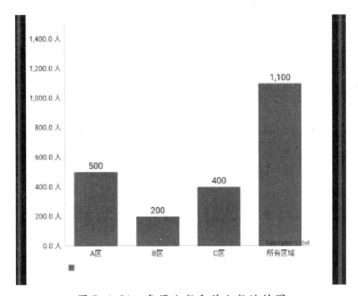

图 5-4-31　各区人数和总人数统计图

饼图 BarChart 组件设计如下：

```
<com.github.mikephil.charting.charts.BarChart
    android:id = "@ + id/bar_chart"
    android:layout_width = "417dp"
    android:layout_height = "359dp"
    android:layout_marginTop = "51dp"
    app:layout_constraintStart_toStartOf = "parent"
    app:layout_constraintTop_toBottomOf = "@ + id/editText"
    tools:ignore = "MissingConstraints" />
```

初始化 barChart 控件，创建 Message 对象的方法和 temp 类相同，在 public void handleMessage(Message msg){}中添加如下代码：

```
barChart = findViewById(R.id.bar_chart);
initBarChart1();
```

在 headcount 类中创建 initBarChart1 类，代码如下：

```
private void initBarChart1(){
```

```
            //设置所有的数值在图形的上面,而不是图形上
            barChart.setDrawValueAboveBar(true);
            barChart.setTouchEnabled(false);    //进制触控
            barChart.setScaleEnabled(false);//设置能否缩放
            //设置true支持两个指头向X、Y轴的缩放
            //如果为false,只能支持X或者Y轴的当方向缩放
            barChart.setPinchZoom(false);
            barChart.setDrawBarShadow(false);    //设置阴影
            barChart.setDrawGridBackground(false);    //设置背景是否网格显示
            //X轴的数据格式
            XAxis xAxis = barChart.getXAxis();
            xAxis.setValueFormatter(new MyFormatter());
            //设置位置
            xAxis.setPosition(XAxis.XAxisPosition.BOTTOM);
            //设置是否绘制网格线
            xAxis.setDrawGridLines(false);
            barChart.getAxisLeft().setDrawGridLines(false);
            //设置X轴文字剧中对齐
            xAxis.setCenterAxisLabels(false);
            //X轴最小间距
            xAxis.setGranularity(1f);
            //Y轴的数据格式
            YAxis axisLeft = barChart.getAxisLeft();
            axisLeft.setValueFormatter(new MyFormatter2());
            barChart.animateY(2500);
            //设置Y轴刻度
            axisLeft.setAxisMinValue(0);//最小值
            axisLeft.setAxisMaxValue(1500);//最大值
            barChart.getAxisRight().setEnabled(false);
            //设置数据
            setData01();
        }
```

在headcount类中创建setData01类,代码如下:

```
//日对比的数据
    private void setData01() {
        ArrayList<BarEntry> yVals1 = new ArrayList<>();
        yVals1.add(new BarEntry(1, data.get(0)));//传入area1人数
        yVals1.add(new BarEntry(2, data.get(1)));//传入area2人数
        yVals1.add(new BarEntry(3, data.get(2)));//传入area3人数
```

```
                yVals1.add(new BarEntry(4, data.get(0) + data.get(1) + data.get(2))); //
计算总人数
                BarDataSet set1;
                set1 = new BarDataSet(yVals1, "");
                //设置多彩,也可以单一颜色
                set1.setColor(Color.parseColor("#4169E1"));
                set1.setDrawValues(false);
                ArrayList<IBarDataSet> dataSets = new ArrayList<>();
                dataSets.add(set1);
                BarData data = new BarData(dataSets);
                barChart.setData(data);
                barChart.setFitBars(true);
                //设置文字的大小
                set1.setValueTextSize(12f);
                //设置每条柱子的宽度
                data.setBarWidth(0.7f);
                barChart.invalidate();
                for (IDataSet set : barChart.getData().getDataSets())
                    set.setDrawValues(! set.isDrawValuesEnabled());
                barChart.invalidate();

barChart.setAutoScaleMinMaxEnabled(! barChart.isAutoScaleMinMaxEnabled());
                barChart.notifyDataSetChanged();
                barChart.invalidate();
        }
```

在项目文件 mywork 下创建两个类，MyFormatter 和 MyFormatter2，如图 5-4-32 所示。

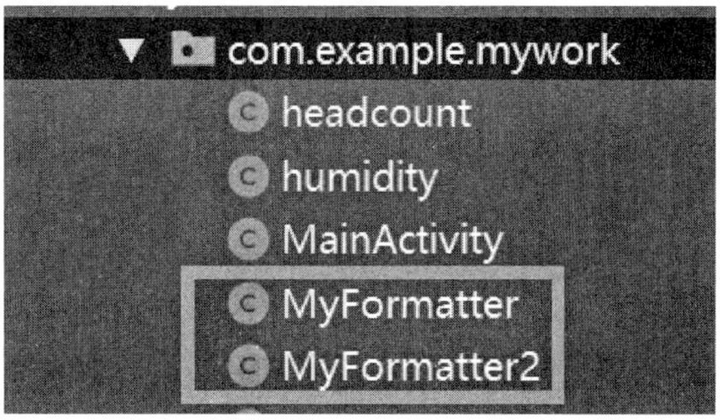

创建 MyFormatter，用于修改 X 轴坐标，代码如下：

```
public class MyFormatter implements IAxisValueFormatter{
        String[] strings;
        public MyFormatter() {
            //格式化数字
            DecimalFormat mFormat = new DecimalFormat("###,###,##0.0");
        }
        public MyFormatter(String[] strings) {
```

图 5-4-32 创建类

```
            this.strings = strings;
        }
        @Override
        public String getFormattedValue(float value, AxisBase axis) {
            if (value == 1) {return "A 区";}
            if (value == 2) {return "B 区";}
            if (value == 3) {return "C 区";}
            if (value == 4) {return "所有区域";}
            return "";
        }
        @Override
        public int getDecimalDigits() {
            return 0;
        }
    }
```

创建 MyFormatter2,用于修改 Y 轴坐标,代码如下:

```
    public class MyFormatter2 implements IAxisValueFormatter {
        private DecimalFormat mFormat;
        MyFormatter2() {
            //格式化数字
            mFormat = new DecimalFormat("###,###,##0.0");
        }
        @Override
        public String getFormattedValue(float value, AxisBase axis) {
            return mFormat.format(value) + " 人";
        }
        @Override
        public int getDecimalDigits() {
            return 0;
        }
    }
```

数据库连接同 temp 类,sql 语句和读取数据方法和 proportion 类相同,此统计图无特殊算法。

5.5 本章习题

5.5.1 单选题

1. _____ Java 库可以实现 Java 对象转换为 JSON 格式,同时也可以将 JSON 字符串转换为 Java 对象。
   A. Jackson　　　　B. Gson　　　　C. Fastjson　　　　D. Mockito
2. MySocket 类拥有_____个私有变量。
   A. 5　　　　B. 4　　　　C. 3　　　　D. 6
3. 由于不同主机的 ip 地址不同,需要通过_____修改配置文件来选择服务端的 ip 地址。
   A. assets　　　　B. properties　　　　C. config　　　　D. activity
4. _____是 Java 提供的一个定时器类,将任务设定为 getInfo,每 10 秒执行一次。
   A. Timer　　　　　　　　　　　　B. Time
   C. Schedule　　　　　　　　　　D. TimerTask
5. Fastjson 包在将 Java 对象转换为 JSON 字符串时依赖于_____类。
   A. Java Bean　　　　　　　　　　B. Java BufferedWriter
   C. Java Bitmap　　　　　　　　　D. Java System
6. 每个按钮被单击时,都会向服务器发出指令,因此需要每个按钮都设置单击_____事件。
   A. 接收　　　　B. 确认　　　　C. 监听　　　　D. 等待
7. 在 HistoryActivity 中,从_____中获取 MainActivity 存入数据库的内容,并装填到 ListView 中。
   A. JSON 字符串　　　　　　　　　B. 接收服务端数据
   C. 接收用户数据　　　　　　　　　D. SQLite 数据库
8. Android 连接 MySQL 数据库需要配置_____。
   A. ADBC　　　　　　　　　　　　B. ODBC
   C. JDBC　　　　　　　　　　　　D. 数据文件

5.5.2 填空题

1. 创建 Android Studio 工程,需要输入_____。
2. 建立 layout 文件夹,用于描述界面的 xml 文件,并在其中建立名为 activity_main.xml 的 Layout Resource 文件,用于描述_____。
3. _____是对网络中不同主机上的应用进程之间进行双向通信端点的抽象,是通信的基石。

5.5.3 实践题

1. 请在 5.1 节项目的基础上添加一个建议先玩项目，以红色字体显示当前人数最少的一个项目名称。如图 5-5-1 所示。

2. 请在 5.2 节项目的登录界面添加一个"清空"按钮，点击可清除住宿房号和姓氏拼音后面文本框中的内容；若未填写内容点击"登录"，提示"住宿房号不能为空"或"姓氏拼音不能为空"。如图 5-5-2 所示。

3. 请在 5.3 节项目的历史数据界面最上方添加一个"返回"按钮，点击后返回监控界面；修改监控界面中数据显示的延迟为 0，刷新时间为 15 秒。如图 5-5-3 所示。

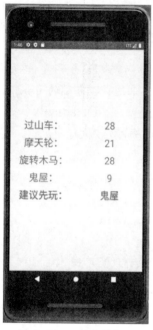
图 5-5-1　添加"建议先玩"功能

图 5-5-2　添加"清空"按钮及非空验证

图 5-5-3　添加"返回"按钮

本 章 小 结

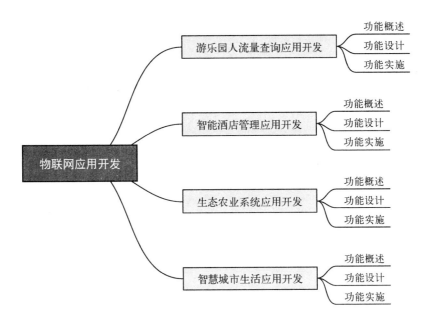

PART 06

第6章 综合案例

<本章概要>

本章通过一个智能家居系统,全面介绍物联网智能网关和客户端的开发过程,内容包括:

- 智能家居系统功能需求;
- 智能家居系统环境需求;
- 智能家居系统智能网关开发;
- 智能家居系统客户端开发。

<学习目标>

完成本章学习后,要求掌握如表6-1所示的内容。

表6-1 知识能力表

本单元的要求	知　识	能　力
物联网软件系统常见功能	了解	比较熟练
常见物联网软件系统开发环境	掌握	熟练
网关和客户端通信方式及原理	理解	
使用MySQL实现数据存储和管理的基本方法		比较熟练
使用PyCharm开发智能网关的基本方法		熟练
使用Android Studio开发安卓客户端的基本方法		熟练

6.1 功 能 概 述

实现一个简易智能家居系统,可以在移动端 APP 中监控室内温湿度、二氧化碳、气压、光照强度及室内人数等情况,并可以控制空调温度,根据外部光照强度及屋内是否有人实现自动开关灯光,还可以查看历史数据。

本智能家居系统主要包括两部分,一是基于 Python 的智能网关,二是基于 Android 的客户端。其中智能网关的主要功能包括:
(1) 接收并解析仿真数据源的数据;
(2) 将数据处理后发送给客户端;
(3) 接收客户端发来的指令;
(4) 将接收到的数据存入 MySQL 数据库;
(5) 将接收到的指令存入日志文件。

客户端的主要功能包括:
(1) 接收并解析网关发来的数据;
(2) 将数据处理后显示在界面上;
(3) 向网关发送指令;
(4) 将接收到的数据存入 SQLite 并在历史数据页面中显示。

6.2 功能实施

6.2.1 环境配置需求

(1) 安装配置 PyCharm。
(2) 安装配置 Android Studio。
(3) 安装配置 MySQL。
(4) 打开数据源。

6.2.2 智能网关实现

1. 新建工程

如图 6-2-1 所示,在 PyCharm 中新建工程,工程名为 gateway6,在其中的 venv 文件夹中新建 gateway6.py 文件。

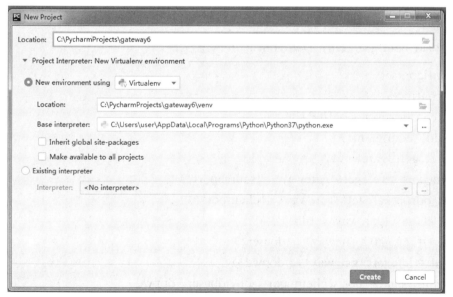

图 6-2-1　新建 PyCharm 工程

2. 接收仿真数据源的数据

仿真数据源一次传送 6 个传感器的数据,如表 6-2-1 所示,格式为 json 格式字符串,样例为:{"0200":"5","0700":"2","0100":"53","0600":"5","0300":"102","0000":"23"}

表 6-2-1 仿真数据源

传感器类型	数 量	最小值	最大值	单 位	编 号
温度	1	20	30	°	0000
湿度	1	30	70	%	0100
光照强度	1	0	10	级	0200
气压	1	99	103	kPa	0300
CO2	1	2	6	%	0600
人体红外	1	0	3	个	0700

为了方便程序的可移植性,采用 ini 配置文件来存储 ip 地址等可变信息。在 gateway6\venv 文件夹新建 config.ini 文件,内容如下。中括号内为 section 值,每行为一个键值对,等号左边为键,右边为值。

[gateway]
ip = 192.168.1.106
resourceport = 10068
clientport = 10067
db = gateway
dbuser = root
dbpwd = password
user = admin
pwd = pwd

定义 read_config 函数用于读取 config.ini 配置文件。

```
import configparser
def read_config():
    cf = configparser.ConfigParser()
    cf.read('config.ini')
    ip = cf.get('gateway', 'ip')
    source_port = cf.get('gateway', 'sourceport')
    client_port = cf.get('gateway', 'clientport')
    db = cf.get('gateway', 'db')
    dbuser = cf.get('gateway', 'dbuser')
    dbpwd = cf.get('gateway', 'dbpwd')
    return ip, source_port, client_port, db, dbuser, dbpwd
```

定义 get_data_from_datasource 函数从数据源获取数据存放在全局变量 data_from_source 中。

```
import socket
import time
data_from_source = ''
```

```
def get_data_from_datasource(ip, source_port):
    while True:
        global data_from_source
        s = socket.socket(socket.AF_INET, socket.SOCK_STREAM)
        s.connect((ip, int(source_port)))
        s.send(b'find\n')
        data_from_source = s.recv(4096).decode("utf-8")
        print('get:' + data_from_source, 'from:' + ip + ':' + source_port)
        s.close()
        time.sleep(9)
```

运行语句，结果如图 6-2-2 所示。

```
cfg = read_config()
print('config:', cfg)
get_data_from_datasource(cfg[0], cfg[1])
```

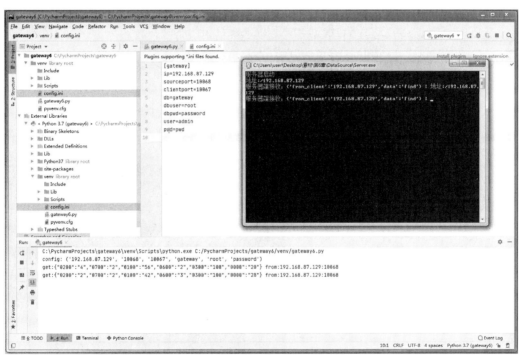

图 6-2-2　运行结果

3. 数据处理

定义 process_data 函数处理原始数据，将结果存放在 processed_data 全局变量中。

```
import json
processed_data = ''
def process_data(data):
```

```
global processed_data
    temp = json.loads(data_from_source)
    human = temp['0700']
    light = temp['0200']
    new_value = 1 if int(human) > 0 and int(light) <= 6 else 0
    temp['0201'] = new_value
    processed_data = json.dumps(temp)
    print('processed_data:' + processed_data)
```

修改 get_data_from_datasource 函数，在接收到数据源数据后调用 process_data 函数。

```
def get_data_from_datasource(ip, source_port):
    while True:
        global data_from_source
        s = socket.socket(socket.AF_INET, socket.SOCK_STREAM)
        s.connect((ip, int(source_port)))
        s.send(b'find\n')
        data_from_source = s.recv(4096).decode("utf-8")
        print('get:' + data_from_source, 'from:' + ip + ':' + source_port)
        process_data(data_from_source)
        s.close()
        time.sleep(9)
```

运行语句，结果如图 6-2-3 所示。

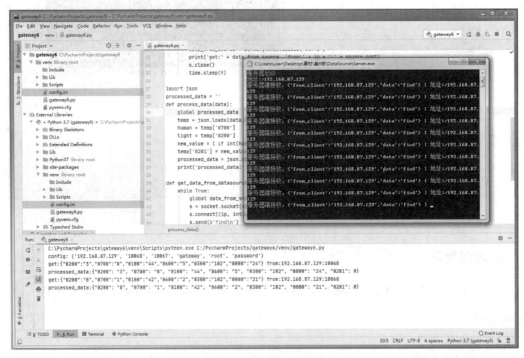

图 6-2-3　运行结果

cfg = read_config()
print('config:',cfg)
get_data_from_datasource(cfg[0],cfg[1])

4. 等待客户端连接

定义 wait_for_client 函数等待客户端连接。如图 6-2-4 所示。

图 6-2-4　wait_for_client 函数

def wait_for_client(ip,client_port):
　　s = socket.socket(socket.AF_INET,socket.SOCK_STREAM)
　　s.bind((ip,int(client_port)))
　　s.listen(1000)
　　while True:
　　　　cs,addr = s.accept()
　　　　print('ip:' + addr,'connect successfully.')
　　s.close()

5. 向客户端发送数据并接收客户端发送的指令

定义 send_to_client 函数向客户端发送数据，定义 get_from_client 函数从客户端接收指令字符串。

def send_to_client(s,ip):
　　print("A send thread is created for ip:" + ip)
　　while True:

```python
        s.send((str(processed_data) + '\n').encode('UTF-8'))
        print('data:' + processed_data, 'is sent to ip:' + ip)
        time.sleep(9)

def get_from_client(s, ip):
    print("A get thread is created for ip:" + ip)
    while True:
        order = s.recv(128).decode('utf-8')
        print('order:' + order, 'is got from ip:' + ip)
```

修改 wait_for_client 函数,在连接上客户端后,建立两个新线程分别用于执行上面两个函数。

```python
import _thread
def wait_for_client(ip, client_port):
    s = socket.socket(socket.AF_INET, socket.SOCK_STREAM)
    s.bind((ip, int(client_port)))
    s.listen(1000)
    while True:
        cs, addr = s.accept()
        print('ip:' + addr, 'connect successfully.')
        _thread.start_new_thread(send_to_client, (cs, ip))
        _thread.start_new_thread(get_from_client, (cs, ip))
    s.close()
```

6. 将接收到的数据存入 MySQL 数据库

首先通过 mysql command line client 登录 mysql 数据库,创建数据库 gatewaydb。

```
mysql> create database if not exists gatewaydb character set utf8;
    Query OK, 1 row affected (0.01 sec)
```

在 gatewaydb 数据库内创建表 gateway。

```
mysql> use gatewaydb;
Database changed
mysql> create table gateway(
    -> ts timestamp primary key,
    -> temperature int,
    -> humidity int,
    -> light int,
    -> airpressure int,
    -> co int,
    -> human int);
Query OK, 0 rows affected (0.04 sec)
```

在 PyCharm 中安装 mysql-connector 库。如图 6-2-5、图 6-2-6、图 6-2-7 所示。

第6章 综合案例

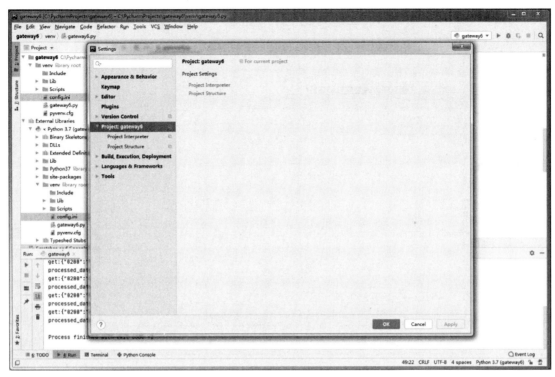

图 6-2-5　PyCharm 中安装 mysql-connector 库准备

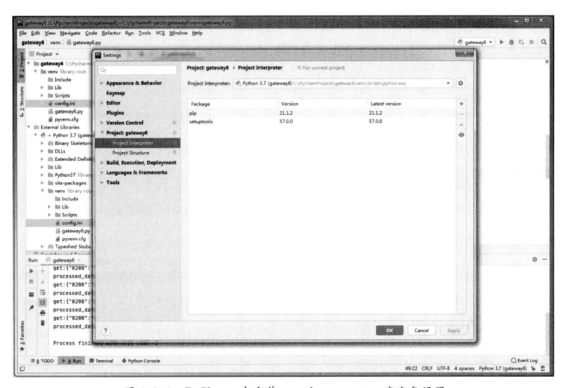

图 6-2-6　PyCharm 中安装 mysql-connector 库准备设置

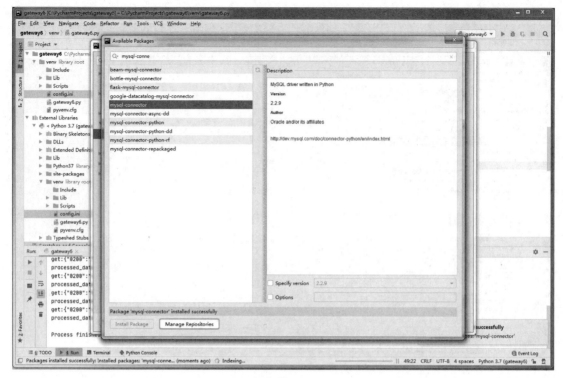

图 6-2-7　PyCharm 中安装 mysql–connector 库成功

> **知识拓展**：mysql-connector 简介
>
> mysql-connector 是一个用于在 Python 中连接 mysql 数据库的驱动,若按照上述在线安装失败,也可以直接到 mysql 官网（https://downloads.mysql.com/archives/c-python/）下载对应操作系统版本的驱动包文件(下载的文件扩展名为 msi),下载后直接安装即可。

定义函数 connect_to_mysql 连接数据库。

import mysql.connector
def connect_to_mysql(user, password, database)：
    conn = mysql.connector.connect(user = user, password = password, database = database)
    return conn

修改 get_data_from_datasource 函数,新增参数 conn,在调用完 process_data 函数后将数据解析并存入数据表中,主键为当前时间戳。

def get_data_from_datasource(ip, source_port, conn)：
    while True：
        global data_from_source
        s = socket.socket(socket.AF_INET, socket.SOCK_STREAM)
        s.connect((ip, int(source_port)))

s.send(b'find\n')

data_from_source = s.recv(4096).decode("utf-8")

print('get:' + data_from_source, 'from:' + ip + ':' + source_port)

process_data(data_from_source)

temp = json.loads(data_from_source)

t = datetime.date.now().strftime('%Y-%m-%d %H:%M:%S')

cursor = conn.cursor()

cursor.execute('insert into gateway (ts, temperature, humidity, light, airpressure, co, human) values (%s, %s, %s, %s, %s, %s, %s)',

[t, temp['0000'], temp['0100'], temp['0200'], temp['0300'], temp['0600'], temp['0700']])

conn.commit()

s.close()

time.sleep(9)

执行语句后一段时间，可以看到随着时间推移数据表中插入了新的数据，如图6-2-8所示。

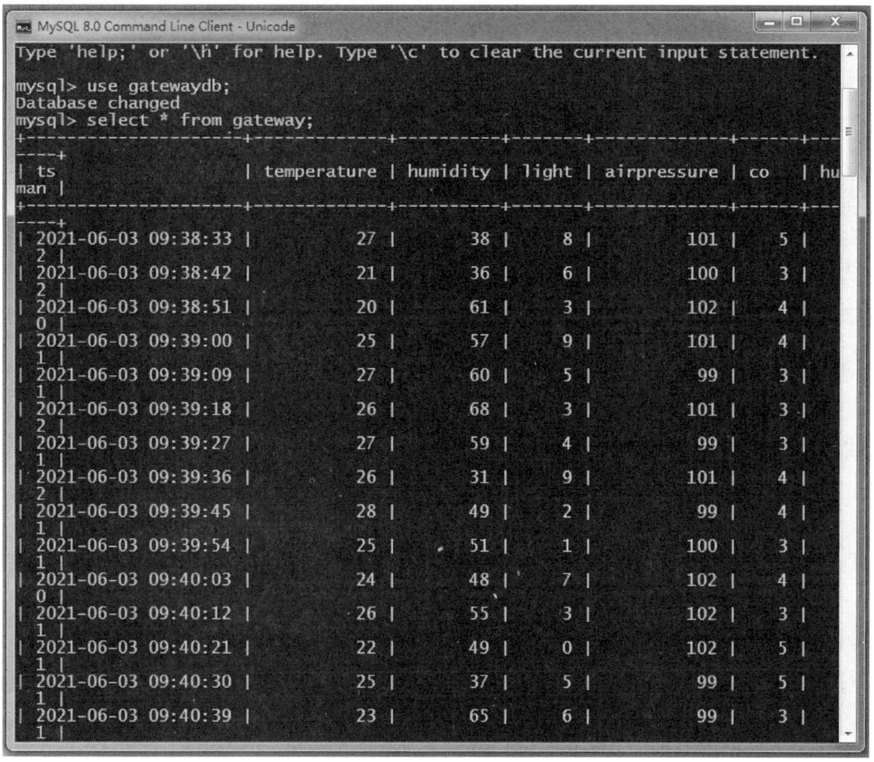

图 6-2-8 表中数据

7. 将接收到的指令存入日志文件

修改 get_from_client 函数，在循环内部最后加入写文件的语句。

```python
def get_from_client(s, ip):
    print("A get thread is created for ip:" + ip)
    while True:
        order = s.recv(128).decode('utf-8')
        print('order:' + order, 'is got from ip:' + ip)
        with open('log_order', 'a') as f:
            f.write('order:' + order + ' is got from ip:' + ip + ' at:' + datetime.datetime.now().strftime('%Y-%m-%d %H:%M:%S'))
```

8. 整体运行

定义 main 函数按需调用以上函数。

```python
def main():
    cfg = read_config()
    print('config:', cfg)
    conn = connect_to_mysql(cfg[4], cfg[5], cfg[3])
    _thread.start_new_thread(get_data_from_datasource, (cfg[0], cfg[1], conn))
    wait_for_client(cfg[0], cfg[2])

main()
```

6.2.3 客户端实现

1. 新建项目并配置

在 Android Studio 中新建项目 IOTAPP6，加入 fastjson 依赖包。

2. AndroidManifest.xml

应用涉及 2 个页面，监控页面和历史数据页面，AndroidManifest.xml 内容如下。

```xml
<manifest xmlns:android="http://schemas.android.com/apk/res/android"
    package="com.example.iotapp6">
    <uses-permission android:name="android.permission.INTERNET"/>
    <uses-permission android:name="android.permission.ACCESS_NETWORK_STATE"/>
    <application
        android:allowBackup="true"
        android:icon="@mipmap/ic_launcher"
        android:label="@string/app_name"
        android:roundIcon="@mipmap/ic_launcher_round"
```

android:supportsRtl = "true"
android:theme = "@style/AppTheme">
　　<activity android:name = ".MainActivity">
　　　　<intent-filter>
　　　　　　<action android:name = "android.intent.action.MAIN"/>
　　　　　　<category android:name = "android.intent.category.LAUNCHER"/>
　　　　</intent-filter>
　　</activity>
　　<activity android:name = ".HistoryActivity">
　　　　<intent-filter>
　　　　　　<category android:name = "android.intent.category.LAUNCHER"/>
　　　　</intent-filter>
　　</activity>
　</application>
</manifest>

3. 监控页面布局

监控页面 activity_main.xml 布局如图 6-2-9 所示。

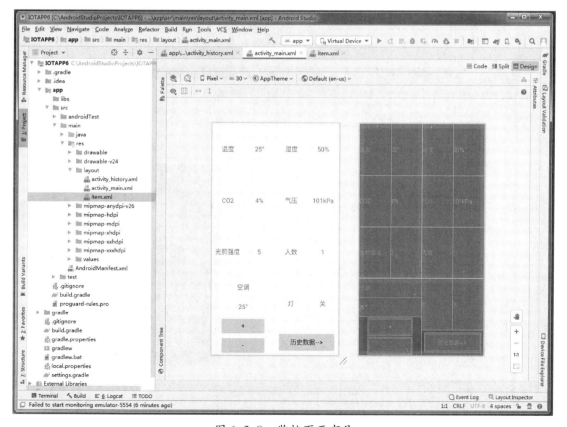

图 6-2-9　监控页面布局

4. 历史数据页面布局

历史数据页面布局如图 6-2-10 所示,行内布局如图 6-2-11 所示。

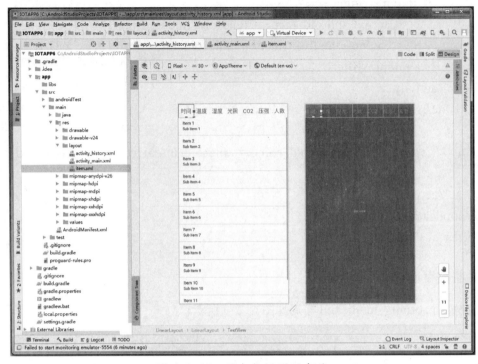

图 6-2-10　历史数据页面布局

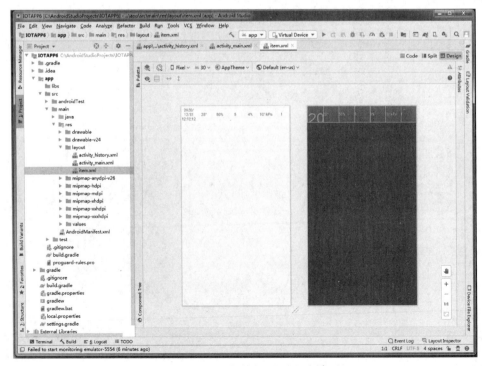

图 6-2-11　历史数据页面行内布局

5. 辅助类

新建第 5 章中提到的 MySocket 类和 DatabaseHelper 类，DatabaseHelper 类的 onCreate 代码如下：

```
@Override
public void onCreate(SQLiteDatabase sqLiteDatabase) {
    String sql = "create table iotapp(" +
            "time integer primary key, " +
            "temperature integer, " +
            "humidity integer, " +
            "light integer, " +
            "pressure integer, " +
            "co2 integer, " +
            "human integer);";
    sqLiteDatabase.execSQL(sql);
}
```

6. 监控页面活动

MainActivity 类控制监控页面的活动。

getProperties 函数负责从配置文件中读取 ip 和端口号。

```
private String ip;
private int port;
private void getProperties(){
    try {
        Properties properties = new Properties();
        properties.load(getAssets().open("config.properties"));
        ip = properties.getProperty("ip");
        port = Integer.parseInt(properties.getProperty("port"));
    } catch (Exception e) {
        e.printStackTrace();
    }
}
```

InitSocket 函数负责和服务器建立连接。

```
private void initSocket(){
    new Thread(new Runnable() {
        @Override
        public void run() {
            try {
```

```java
                    MySocket.initSocket(ip, port);
                } catch (Exception e) {
                    e.printStackTrace();
                }
            }
        }).start();
    }
```

GetWidget 函数负责获取所有需要交互的组件。

```java
private TextView temperature, humidity, co2, airPressure, light, human, lamp, airConditioner;
private Button ac_up, ac_down, go2history;
private void getWidget() {
    temperature = (TextView) findViewById(R.id.temperature);
    humidity = (TextView) findViewById(R.id.humidity);
    light = (TextView) findViewById(R.id.light);
    airPressure = (TextView) findViewById(R.id.air_pressure);
    co2 = (TextView) findViewById(R.id.co2);
    human = (TextView) findViewById(R.id.human);
    lamp = (TextView) findViewById(R.id.lamp);
    airConditioner = (TextView) findViewById(R.id.air_conditioner);
    ac_up = (Button) findViewById(R.id.ac_up);
    ac_down = (Button) findViewById(R.id.ac_down);
    go2history = (Button) findViewById(R.id.go_to_history);
}
```

getInfo 函数负责获取服务端发来的数据并发送给 Handler。

```java
private void getInfo() {
    try {
        final String info = MySocket.getInfo();
        new Thread(new Runnable() {
            @Override
            public void run() {
                Message msg = new Message();
                Bundle bundle = new Bundle();
                bundle.putString("info", info);
                msg.setData(bundle);
                handler.sendMessage(msg);
            }
        }).start();
```

```java
    } catch (Exception e) {
        e.printStackTrace();
    }
}
```

refreshData 函数负责根据接收到的数据更新 data 变量。

```java
private String[] data = {"0", "0", "0", "0", "0", "0", "0"};
private void refreshData(String info) {
    JSONObject jsonObject = (JSONObject) JSON.parse(info);
    data[0] = jsonObject.getString("0000");
    data[1] = jsonObject.getString("0100");
    data[2] = jsonObject.getString("0200");
    data[3] = jsonObject.getString("0300");
    data[4] = jsonObject.getString("0600");
    data[5] = jsonObject.getString("0700");
    data[6] = jsonObject.getString("0201");
}
```

refreshViews 函数负责根据 data 变量更新界面。

```java
private void refreshViews() {
    temperature.setText(data[0] + "°");
    humidity.setText(data[1] + "%");
    light.setText(data[2]);
    airPressure.setText(data[3] + "kPa");
    co2.setText(data[4] + "%");
    human.setText(data[5]);
    lamp.setText(data[6].equals("1") ? "开" : "关");
}
```

getDB 函数负责获取本地 SQLite 数据库。

```java
private void getDB() {
    DatabaseHelper databaseHelper = new DatabaseHelper(this, "test_db", null, 1);
    db = databaseHelper.getWritableDatabase();
}
```

save2DB 负责将 data 变量中的数据存入 SQLite 数据库中。

```java
private void save2DB() {
    ContentValues values = new ContentValues();
    values.put("time", System.currentTimeMillis());
    values.put("temperature", data[0]);
    values.put("humidity", data[1]);
```

```java
        values.put("light", data[2]);
        values.put("pressure", data[3]);
        values.put("co2", data[4]);
        values.put("human", data[5]);
        db.insert("iotapp", null, values);
    }
```

Handler 负责接收 getInfo 函数发送的数据并调用 refreshData、refreshViews、save2DB 三个函数。

```java
@SuppressLint("HandlerLeak")
Handler handler = new Handler() {
    @Override
    public void handleMessage(@NonNull Message msg) {
        super.handleMessage(msg);
        refreshData(msg.getData().getString("info"));
        refreshViews();
        save2DB();
    }
};
```

SetClickListener 函数负责给按钮设置监控事件。

```java
private void setClickListener() {
    ac_up.setOnClickListener(new View.OnClickListener() {
        @Override
        public void onClick(View view) {
            new Thread(new Runnable() {
                @Override
                public void run() {
                    try {
                        MySocket.sendInfo("air conditioner up");
                        ac += 1;
                        airConditioner.setText(ac + "°");
                    } catch (Exception e) {
                        e.printStackTrace();
                    }
                }
            }).start();
        }
    });
    ac_down.setOnClickListener(new View.OnClickListener() {
```

```java
            @Override
            public void onClick(View view) {
                new Thread(new Runnable() {
                    @Override
                    public void run() {
                        try {
                            MySocket.sendInfo("air conditioner down");
                            ac -= 1;
                            airConditioner.setText(ac + "°");
                        } catch (Exception e) {
                            e.printStackTrace();
                        }
                    }
                }).start();
            }
        });
        go2history.setOnClickListener(new View.OnClickListener() {
            @Override
            public void onClick(View view) {
                startActivity(new Intent(MainActivity.this, HistoryActivity.class));
            }
        });
    }
```

setTimeTask 函数负责定时调用 getInfo 函数。

```java
private void setTimeTask() {
    TimerTask task = new TimerTask() {
        @Override
        public void run() {
            getInfo();
        }
    };
    Timer timer = new Timer();
    timer.scheduleAtFixedRate(task, 10000, 10000);
}
```

onCreate 方法按需调用其他函数。

```java
@Override
protected void onCreate(@Nullable Bundle savedInstanceState) {
    super.onCreate(savedInstanceState);
    setContentView(R.layout.activity_main);
    getProperties();
```

```
        initSocket();
        getWidget();
        getDB();
        setClickListener();
        setTimeTask();
}
```

7. 历史数据页面活动

HistortyAcitivity 类控制历史数据页面的活动。

GetData 函数负责将本地 SQLite 数据库中的内容处理后装入键值对的列表中,并作为 ListView 的内容。

```
private ListView listView;
private void getData() {
    List<HashMap<String, Object>> data = new ArrayList<HashMap<String, Object>>();
    Cursor cursor = db.query("iotapp", new String[]{"time", "temperature", "humidity", "light", "pressure", "co2", "human"}, null, null, null, null, "time desc", "50");
    while(cursor.moveToNext()) {
        SimpleDateFormat format = new SimpleDateFormat("yyyy-MM-dd HH:mm:ss");
        Long time = new Long(cursor.getString(cursor.getColumnIndex("time")));
        String d = format.format(time);
        Date date = null;
        try {
            date = format.parse(d);
        } catch (Exception e) {
            e.printStackTrace();
        }

        HashMap<String, Object> item = new HashMap<String, Object>();
        item.put("time", date);
        item.put("temperature", cursor.getString(cursor.getColumnIndex("temperature")));
        item.put("humidity", cursor.getString(cursor.getColumnIndex("humidity")));
        item.put("light", cursor.getString(cursor.getColumnIndex("light")));
        item.put("pressure", cursor.getString(cursor.getColumnIndex("pressure")));
        item.put("co2", cursor.getString(cursor.getColumnIndex("co2")));
        item.put("human", cursor.getString(cursor.getColumnIndex("human")));
        data.add(item);
```

}

```
SimpleAdapter adapter = new SimpleAdapter(
        getApplicationContext(),
        data,
        R.layout.item,
        new String[]{"time", "temperature", "humidity", "light"},
        new int[]{R.id.column_time, R.id.column_humidity, R.id.column_temperature, R.id.column_light});

listView.setAdapter(adapter);
}
```

onCreate 方法负责调用其他函数。

```
@Override
public void onCreate(Bundle savedInstanceState) {
    super.onCreate(savedInstanceState);
    setContentView(R.layout.activity_history);
    getDB();
    listView = (ListView) findViewById(R.id.listView);
    getData();
}
```

6.2.4 运行情况

正常运行后,服务端和客户端情况分别如图 6-2-12 和图 6-2-13 所示。

图 6-2-12 服务端正常运行

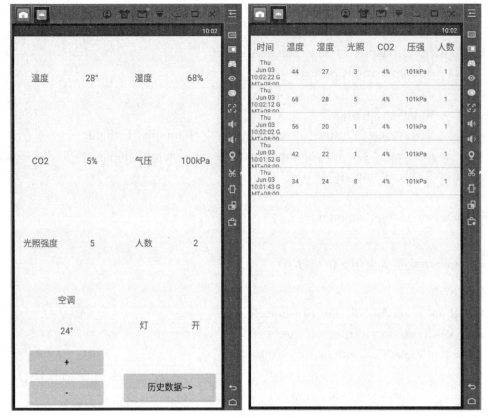

图 6-2-13 客户端正常运行

6.3 本章习题

为本章实例的客户端添加自动控制内容,如图 6-3-1 所示。具体需求如下:

1. 当房间内温度高于 26 度时,将空调温度设置为 26 度;当房间内温度低于 22 度时,将空调温度设置为 22 度;当房间内温度在 22 度至 26 度之间时,空调温度不做调整。

2. 当房间内二氧化碳浓度大于等于 4% 时,CO2 的值以红色放大的字体显示;当小于 4% 时,按正常字体显示。

3. 当房间内没有人时,关闭灯光;当房间内有人且光照强度小于 5 时,打开灯光。

图 6-3-1 根据获取值的不同实现对智能家居设置的自动控制

本 章 小 结

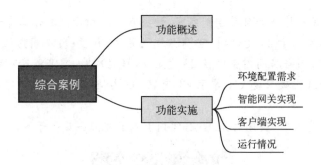

参 考 答 案

第1章

1. 单选题

| 1. C | 2. C | 3. B | 4. C | 5. C | 6. A | 7. B | 8. A | 9. C | 10. B |
| 11. D | 12. A | 13. A | 14. B | 15. D | 16. C | 17. D | 18. C | 19. C | 20. C |

2. 填空题

| 1. 平台 | 2. 应用 | 3. 天线 | 4. 无线 | 5. 10 |

第2章

1. 单选题

| 1. B | 2. C | 3. B | 4. D | 5. C | | | | | |

2. 填空题

| 1. Python | 2. Cisco | 3. 虚拟仿真 | 4. Scratch | |

第3章

1. 单选题

| 1. C | 2. B | 3. D | 4. A | | | | | | |

2. 填空题

| 1. JDK | 2. SDK | | | |

第4章

1. 单选题

| 1. A | 2. C | 3. D | 4. B | 5. C | 6. B | | | | |

2. 填空题

| 1. 路由器 | 2. 相似 | 3. 网关 | 4. 转换 | 5. 感知层 |

第 5 章

1. 单选题

| 1. C | 2. A | 3. B | 4. D | 5. A | 6. C | 7. D | 8. B | | |

2. 填空题

| 1. 工程名 | 2. MainActivity | 3. Socket | | |